一本书明白

畜禽污物处理与利用

YIBENSHU
MINGBAI
XUQINWUWU
CHULIYU
LIYONG

“十三五”国家重点
图 书 出 版 规 划

新型职业农民书架·
养活天下系列

胡华锋　程　璞　谢俊玲　主编

山东科学技术出版社　山西科学技术出版社　中原农民出版社
江西科学技术出版社　安徽科学技术出版社　河北科学技术出版社
陕西科学技术出版社　湖北科学技术出版社　湖南科学技术出版社
中原农民出版社　联 合 出 版

图书在版编目（CIP）数据

一本书明白畜禽污物处理与利用 / 胡华锋，程璞，谢俊玲主编 . —郑州：中原农民出版社，2017.10
（新型职业农民书架）
ISBN 978-7-5542-1785-6

Ⅰ . ①一… Ⅱ . ①胡… ②程… ③谢… Ⅲ . ①饲养场废物—废物处理②饲养场废物—废物综合利用 Ⅳ . ① X713

中国版本图书馆 CIP 数据核字（2017）第 234682 号

一本书明白畜禽污物处理与利用

主　编：胡华锋　程　璞　谢俊玲

出版发行　中原农民出版社
（郑州市经五路66号　邮编：450002）
电　　话　0371-65788655
印　　刷　河南安泰彩印有限公司
开　　本　787mm × 1092mm　1/16
印　　张　11
字　　数　179千字
版　　次　2018年9月第1版
印　　次　2018年9月第1次印刷

书　　号　ISBN 978-7-5542-1785-6
定　　价　45.00元

目录

Contents

专题一 废物的收集与预处理技术

专题提示

随着我国畜禽养殖业的迅速发展，畜禽粪便排放及其导致的环境污染问题也日趋严重，对生态环境和人体健康等造成了严重的危害，这引起了广泛的关注和重视。

I 畜禽养殖废物的收集与运输

一、畜禽养殖废物的收集

（一）畜禽舍清粪

1. 猪舍清粪

养猪生产中主要采用水冲粪、水泡粪、干清粪等方式进行粪污清理、收集。

（1）水冲粪工艺　水冲粪工艺是将猪粪、尿和污水混合排入粪沟，每天数次放水冲洗，粪水顺粪沟流入粪便主干沟或附近的集污池内，用排污泵经管道输送到粪污处理区。水冲粪方式可保持猪舍内的环境清洁，设备简单，劳动强度小，劳动效率高，但耗水量大，产生的污水多，粪便处理难度大，经固液分离出的固体部分养分含量低，肥料价值低，不利于粪污资源化利用。

（2）水泡粪工艺　水泡粪清粪方式常和漏缝地板相配合，是在漏缝地板下设粪沟，粪尿、冲洗和饲养管理用水一并排入粪沟中，储存一定时间后，打开出口的闸门，将沟中粪污排出，流入粪便主干沟或经过虹吸管道，进入地下储粪池或用泵抽吸到地面储粪池。水泡粪工艺劳动强度小，劳动效率高，比水冲粪工艺节省用水，一些规模化养猪场常采用此种清粪工艺。但由于粪便长时间在猪舍中停留，形成厌氧发酵，产生大量的有害气体，恶化舍内空气环境，危及动物和饲养人员的健康，需要配套相应的通风设施；经固液分离后的污水处理难度大；固体部分养分含量低。

根据所用设备的不同，水泡式清粪可分为截留阀式、沉淀闸门式、连续自流式和虹吸管道式等。

1）截留阀式清粪　截留阀式清粪是在粪沟末端一个通向舍外的排污管道上安装一个截留阀，平时截留阀将排污口封死。猪粪在冲洗水及饮水器漏水等条件下稀释成粪液，在需要排出时，将截留阀打开，液态的粪便通过排污管道排至舍外的总排粪沟。

2）沉淀闸门式清粪　沉淀闸门式清粪是在纵向粪沟的末端与横向粪沟相连接处设置闸门，闸门严密关闭时，打开放水阀向粪沟内放水，直至水面深至50 ～ 100mm。猪排出的粪便通过自身践踏和人工冲洗经漏缝地板落入粪沟，成为粪液。每隔一定时间打开阀门，同时放水冲洗，粪沟中的粪液便经横向粪沟流向总排粪沟中。

3）连续自流式清粪　这种清粪方式与沉淀闸门式基本相同，不同点仅在于在纵向粪沟末端以挡板代替闸门。

4）虹吸管道式清粪　北京京鹏环宇畜牧科技有限公司研发出了一套虹吸管道式水泡粪排污系统，此系统主要是在密闭环境中，结合了系统首、末端排气阀，利用虹吸原理，形成了负压，使粪污均匀分布在池底的排污口，从而有序排出。该工艺具体是这样实现的：粪污管道将猪舍漏缝地板下的粪池分成几个区段，每个区段粪池下安装一个接头，粪池接头处配备一个排粪塞，以保证液体粪污能存留在猪舍粪池中。当液态粪污未排放时，管道内充满了空气；当要排空粪池时，工人可将排粪塞子用钩子提起来，随着排污塞子的打开，粪污开始陆续从一个个小单元粪池向排污管道里排放并流入管道，管道内空气逐渐排出，排气阀自动打开，当管道内完全充满粪污时，管道内不再向外排气，排气阀关闭，从而利用真空原理在压力差的作用下使粪污流入管道并顺利排出。

（3）干清粪工艺　为了达到养殖污染减排的目的，我国提倡采用干清粪方式，做到“干湿分离”，即粪尿一经产生便分流，干粪由机械或人工收集、清扫、运走；尿液及冲洗水则从排污管道流出；粪、水分别进行处理。

1）实心地面猪舍干清粪　对于育成育肥舍，通常多采用实心地面。实心地面猪舍一般依靠人力进行干清粪，粪尿污水自然流动进入排污沟并汇入总排污管道，最终进入集污池。

单列式猪舍舍内排污沟设在畜床靠墙一侧，双列式猪舍排污沟可设置在靠墙两侧，也可设置在中央通道的下侧或两侧。猪床地面趋向于排污沟一侧，应有2%～3%的相对坡度，这可使尿液污水很快流入排污沟内。排污沟可用水泥、石或砖结构砌成，要求内表面光滑不透水。排污沟宽35～40cm、深15cm左右，底部方形或半圆形。沟底部要平整，沿污水流动方向有1%～2%的相对坡度，通常两端沟底最浅，坡向中间。排污沟中间设一下水口，沟内尿液污水通过下水口进入地下排污管道排出舍外。栏外排污沟可建成明沟，利于清扫消毒，栏内排污沟应建成暗沟，或在沟上盖通长铁箅子、沟盖板等。

舍外排污沟一般设在猪舍外墙底部，水泥砌筑，宽10cm、深20cm，沿污水流动方向有3%～5%的相对坡度，排污沟与主粪沟或粪水池相接。舍内每个猪栏设一个洞，长35cm、高10cm，与外墙底的排污沟相连。舍外排污沟一般适用于中小猪场；在北方寒冷地区冬季舍外粪水易冻结，所以也不适用此种排污沟设计。

2）漏缝地板猪舍人工干清粪　对于猪栏采用漏缝地板、人工干清粪的猪舍，可在猪栏外面清粪通道一侧设置一条浅粪沟，粪沟通向舍外或在粪沟中部设下水口，与地下排污管道相连。猪栏下方承粪地面为斜面，斜面坡度为1%～2%（也可酌情加大坡度），尿液自动流入粪沟，斜面上的猪粪进行人工清扫。

采用漏缝或半漏缝地板高床饲养的猪舍，可在高床下设承粪沟，承粪沟为浅“U”形，中央设漏尿口，尿液、污水经漏尿口排入地下排污管道，留在粪沟内的猪粪进行人工清扫，见图1。

图1　漏缝地板高床饲养排污沟

3）漏缝地板机械干清粪　猪舍机械干清粪工艺中常用的清粪机械是往复式刮板清粪机，它通常由带刮粪板的滑架、传动装置、张紧机构和钢丝绳等构成。往复式刮粪板清粪机装在漏缝地板下面的粪沟中，粪沟的断面形状及尺寸要与滑架及刮板相适应（图 2）。

粪沟中必须装排尿管，排尿管直径为 0.1 ～ 0.2m，排尿管上要开一通长的缝，用于猪尿及冲洗猪栏的废水从长缝中流入排尿管，然后流向舍外的排污管道中，猪粪则留在粪沟内，由清粪机清入集粪坑。为避免缝隙被粪堵塞，刮粪板上焊有竖直钢板插入缝中，在刮粪的同时疏通该缝隙。

图 2　猪舍往复式刮板清粪

2. 鸡舍清粪

（1）阶梯式笼养和网上平养鸡舍清粪　鸡舍下面的粪槽与笼具和网床方向相同，通长设计，宽度略小。粪槽底部低于舍内地面 10 ～ 30cm，用人工和机械清粪均可。

1）人工清粪　鸡舍每排支架下方皆有很浅的粪坑，为便于清粪，粪坑向外以弧形与舍内地坪相连，人工用刮板从支架下方将粪刮出，然后铲到粪车上，推送至粪场。

2）机械清粪　可用刮板式清粪机。全行程式刮板清粪机适用于短粪沟；步进式刮板清粪机适用于长距离刮粪。为保证刮粪机正常运行，要求粪沟平直，沟底表面越平滑越好。可根据不同鸡舍形式组装成单列式、双列式和三列式。

（2）叠层式笼养鸡舍清粪　鸡舍鸡粪由笼间的承粪带承接，并由传送带将鸡粪送到鸡笼的一端，由刮粪板将鸡粪刮下，落入横向的粪沟由螺旋弹簧清粪机搬出鸡舍。

（3）高床、半高床鸡舍清粪　鸡栏粪坑的面积与鸡舍相同，高床笼养鸡舍粪坑高度在 1.5 ～ 1.8m。半高床笼养鸡舍粪坑高度在 1.0 ～ 1.3m。清粪在饲养结束后一次进行。

3. 牛舍清粪

（1）牛舍内人工清粪　人工清粪一般适用于拴系舍饲牛舍。在牛床后端和清粪通道之间设排尿沟，牛床有适当的坡度向排尿沟倾斜。排尿沟的宽度一般为 32 ～ 35cm，可设为明沟，考虑到要用铁锹在沟内进行清理，所以深度应为 5 ～ 8cm。排尿沟也可设为暗沟，沟面上设漏尿圆孔或采用缝隙盖板。排尿沟底应有 1%～ 3%的纵向排水坡度，沟内设下水口，尿液污水通过下水口进入地下排污管道排出舍外。

（2）牛舍内机械清粪　对封闭式（大跨度）牛舍，可采用刮粪板设备将粪便刮进粪沟或储粪池，再运到粪污处理场或用铲车直接装车运出。一般连杆刮板式适用于单列牛床；环形链刮板式适于双列牛床；双翼形推粪板式适于舍饲散栏饲养牛舍。

（3）牛舍水泡粪工艺　对封闭式散养牛舍，可在牛床及牛通道区域设漏缝地板，让牛排出的粪尿直接漏进下面的粪沟，当有粪便不能漏下时，可采用刮粪板清粪。粪沟宽度根据漏缝地面的宽度而定，深度为 0.7 ～ 0.8m，粪沟倾向粪水池有一定坡度便于排水。

4. 羊舍清粪

（1）即时人工清粪　不设羊床，采用扫帚、小推车等简易工具将舍内粪污清扫运出。特点是投资少，劳动量大，只适用于小规模羊场。

（2）即时机械清粪　设漏缝式羊床，羊床下是粪槽，采用刮粪板将粪槽中的粪便集中到一端，用粪车运走。此种清粪方式适用于较长的羊舍。

（3）高床集中清粪　设漏缝式羊床，床高 70 ～ 80cm，漏缝地板下设粪池，池底设一定坡度，尿液排出舍外，留下的粪污集中清理。

（二）固态或半固态废物的储存

通常，固态废物含水率小于 70%，半固态废物含水率为 70%～ 80%。对于有粪便处理场的养殖场，固态或半固态粪污一般可直接运至粪便处理厂进行处理，不必单独储存；需要单独储存固态或半固态粪污的养殖场，储粪场的位置必须远离各类功能地表水体（距离不得小于 400m），并应设在生产区下风向地势较低较偏僻处，与畜（禽）舍保持 100m 的卫生间距。其规模大小应根据饲养规模、每头（只）家畜（禽）每天的产粪量、储存的时间来设计，储存时间通常为当地农林作物生产用肥的最大间隔时间。储粪场应为水泥地面，建高 1 ～ 5m 的堆积墙，地面向墙应有 1 ∶ 50 的坡度，设渗滤液收集沟，储粪场上要搭建防雨棚。

（三）液态或半液态废物储存

通常液态废物含水率大于 90%，半液态废物含水率为 80%～ 90%。储存液态或半液态废物的储粪池通常有地下式和地上式。

地下储粪池适用于地势较低处，应防渗漏，池底可铺设防渗膜。地下储存池最好用混凝土砌成，周围要建造高 1 ～ 5m 的围栏。

地上储粪池适用于地势平坦场区，可用砖砌而成，用水泥抹面防渗，储粪池上应有防雨（雪）设施。也应有密封罐式储液设备，即由钢板焊接成的一个封闭容器，钢板表面用环氧树脂或搪瓷等方式做防腐处理。通常会在地上储粪池旁边建一个小的储粪坑，畜（禽）舍排出的液态或半液态废物由暗沟或暗管输送至储粪坑，再由排污泵泵入储粪池。

二、畜禽养殖废物的运输

将畜禽养殖废物及时地运输到储存地或处理场所，避免在运输过程中因管理不力而对环境造成污染，是养殖场在管理上应十分重视的环节之一。因此，需遵循减量化的原则，实行“雨污分流、粪尿分离”，将固态废物和液态废物分别收集、输送，合理地制订废物输送方案和选择输送设备。

（一）固态或半固态废物的运输

固态或半固态废物可采用传统运输工具，如人力车、机动车等进行运输。国内外采用的主要运输设备有开放倾倒式收集车（通称卡车）、密封压缩式收集车、摆臂式收集车、桶式收集车以及人力车等（图 3），其中开放倾倒式收集车价格低，收集、装车容易，但易致沿途恶臭；人力车适用于短距离运输。

开放倾倒式收集车

密封压缩式收集车

摆臂式收集车

桶式收集车

人力三轮车

人力小推车

图3 国内外采用的主要运输设备

（二）液态或半液态废物的运输

液态或半液态废物一般采用罐车和管道（暗沟或暗管）两种输送方式。其中罐车耗油量大，日常运行成本高，且容积有限。对规模化养殖场来说，采用管道输送方式是最佳途径，既能做到降低能耗，又能保证场区的环境卫生。管道输送方式需要的主要设备是搅拌泵和输送泵，以及配套的土建工程。若场区地形不适宜采用管道运输，或场区较大，使用管道输送投资太大，可在畜（禽）舍外建集污池，用带有排污泵的罐车将液态或半液态废物抽出，运送至储液池。

仅靠重力作用将液态或半液态废物输送至储液池或施用地，会受地形限制或动力不足，因此常利用泵来进行提取和输送。常见的用于输送废物的泵有离心式和螺旋离心式。对于含固率较低（不超过3%）的液态废物，可用普通的离心式污水泵；含固率较高的可采用离心式粪泵。离心式粪泵一般为主轴式；叶轮为敞开式或半敞开式；在吸口外有切碎刀；有两个出料口，一个通向输液管，一个通向旁通口。工作时粪泵伸入液态废物中，吸口处的切碎刀可将底部的垫草等残存物切碎，使其随粪泵吸入。如果将输液管关闭，旁通口打开，液态或半液态废物被打入粪池，并起到搅拌作用；反之，则液态或半液态废物从输液管被打出，粪泵起到输送作用。离心式粪泵可输送含固率为10%～12%的粪污，并具有强烈的搅拌作用，搅拌范围可达15～22m。螺旋式粪泵由一个垂直搅龙和一个离心泵组合而成，垂直搅龙下有粉碎器和搅拌器。工作时，粪便被螺旋桨式搅拌器搅匀，然后被吸入泵内，由粉碎器将垫草等杂物粉碎，再由垂直搅龙向上输送，最后由离心泵压出。螺旋式粪泵可输送含固率2%～25%的废物，有一定的搅拌作用。

Ⅱ 畜禽养殖废物的预处理技术

一、固态废物的预处理

（一）破碎

1. 破碎的方法

根据固态废物破碎时所使用的外力，可以将破碎分为机械能破碎和非机械能破碎两种。机械能破碎是利用破碎工具对固态废物施加外力而使其破碎，通常包括挤压、冲击、剪切、摩擦、撕拉等方式（图4）。非机械能破碎是利用电能、热能等非机械能的方式对固态废物进行破碎，如低温破碎、热力破碎、减压破碎、超声波破碎等。对畜禽养殖过程中产生的固态废物进行预处理，机械能破碎的应用更为广泛。破碎机械的施力必须与固态废物性质相适应，一般主要依据固态废物的机械强度，特别是硬度而定，如坚硬固体应采用挤压和冲击的破碎方法，韧性固体应采用剪切和磨碎的破碎方法，脆性固体应采用劈碎和冲击的破碎方法。

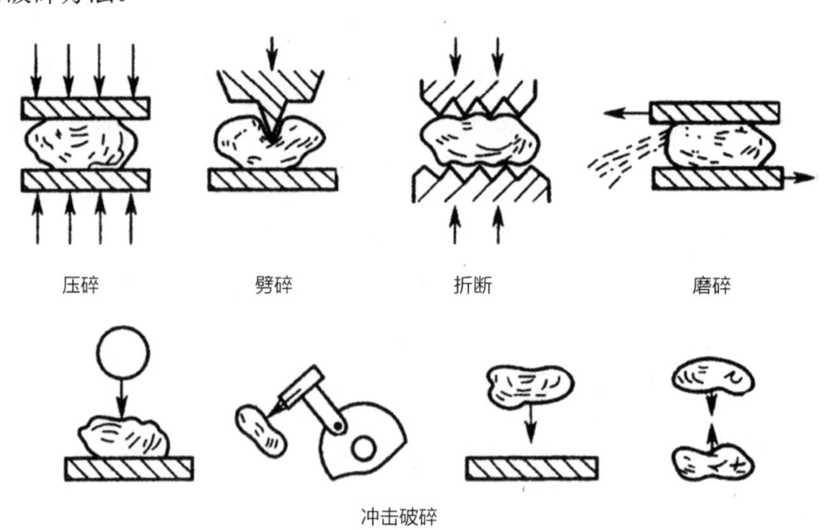

图4　固态废物机械能破碎方式

2. 破碎设备

(1)颚式破碎机　颚式破碎机有构造简单、工作可靠、制造容易、维修方便等特点，因此应用较为广泛，在固态废物破碎处理中主要用于破碎强度韧性高、腐蚀性强的废物。颚式破碎机通常有两种类型，即简单摆动颚式破碎机和复杂摆动颚式破碎机。

1)简单摆动颚式破碎机　图 5 为简单摆动颚式破碎机及构造图。它主要由机架、工作机构、传动机构、保险装置等部分组成。皮带轮带动偏心轴旋转时，偏心顶点牵动连杆上下运动，也就牵动前后推力板做舒张及收缩运动，从而使动颚时而靠近固定颚，时而又离开固定颚。动颚靠近固定颚时就对破碎腔内的物料进行压碎、劈碎及折断。破碎后的物料在动颚后退时靠自重从破碎腔内落下。

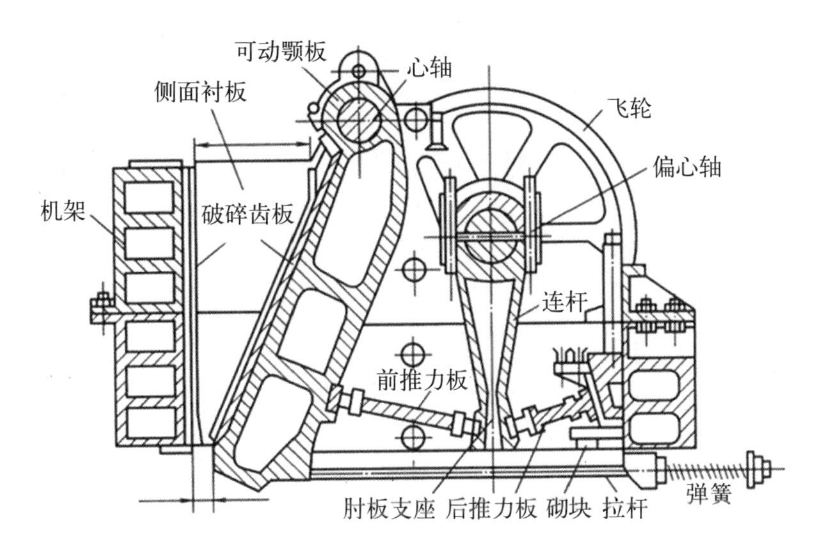

图 5　简单摆动颚式破碎机及构造

2)复杂摆动颚式破碎机　图 6 为复杂摆动颚式破碎机及构造。从构造上看，复杂摆动颚式破碎机与简单摆动颚式破碎机的区别是少了一根悬挂动颚的心轴，动颚与连杆合为一个部件，没有垂直连杆，肘板也只有一块。复杂摆动颚式破碎机构造简单，但动颚的运动却较简摆颚式破碎机复杂，它的动颚在水平方向有摆动，同时在垂直方向也有动作，因而是一种复杂的运动，故称复杂摆动颚式破碎机。复杂摆动颚式破碎机破碎产品较细，破碎比值大(一般可达 4 ～ 8，简摆只能达 3 ～ 6)，破碎能力高。规格相同时，复摆型比简摆型破碎能力可高出 20%～ 30%。

(2)冲击式破碎机　冲击式破碎机大多是旋转式，都是利用冲击作用进行破碎的。冲击式破碎机的主要类型有反击式破碎机和锤式破碎机。

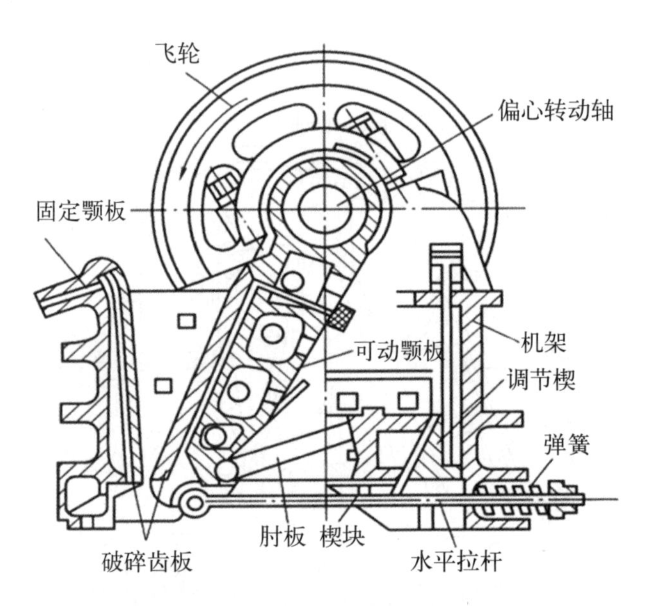

图 6　复杂摆动颚式破碎机及构造

1）反击式破碎机　反击式破碎机是一种新型高效破碎设备，它具有破碎比值大、适用范围广（可破碎中硬、软、脆、韧性、纤维性物料）、构造简单、外形尺寸小、安全方便、易于维护等优点。图7为反击式破碎机及构造。该机装有两块反击板，形成两个破碎腔，转子上安装有两个坚硬的板锤，机体内表面装有特殊钢制衬板，用以保护机体不受损坏。固体废物从上部给入，在冲击和剪切作用下被破碎。该机主要用来破碎草垫等大型固体废物，处理能力为 50～60m^3/h，碎块直径为30cm，也可用来破碎瓶类等不燃废物，处理能力为 15～90m^3/h。

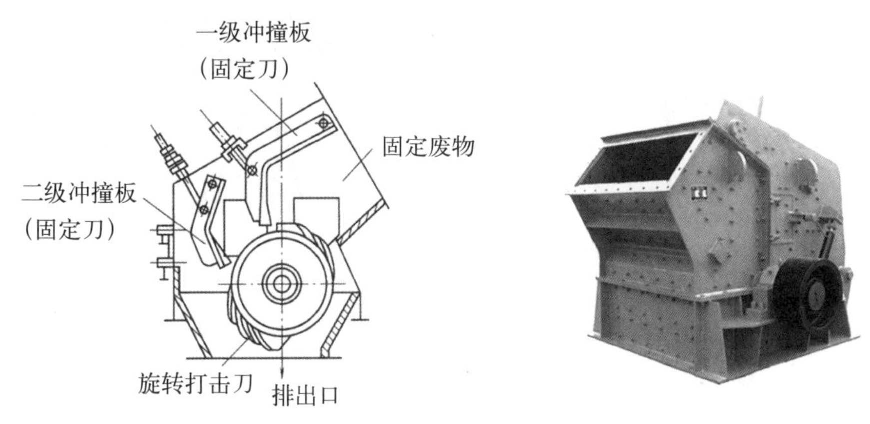

图7　反击式破碎机及构造

2）锤式破碎机　锤式破碎机可分为单转子和双转子两种。图8为单转子锤式破碎机及结构。固体废物自上部给料口进入机内，立即遭受高速旋转的锤子的打击、冲击、剪切、研磨而被破碎。锤子以铰链方式装在各圆盘之间的销轴

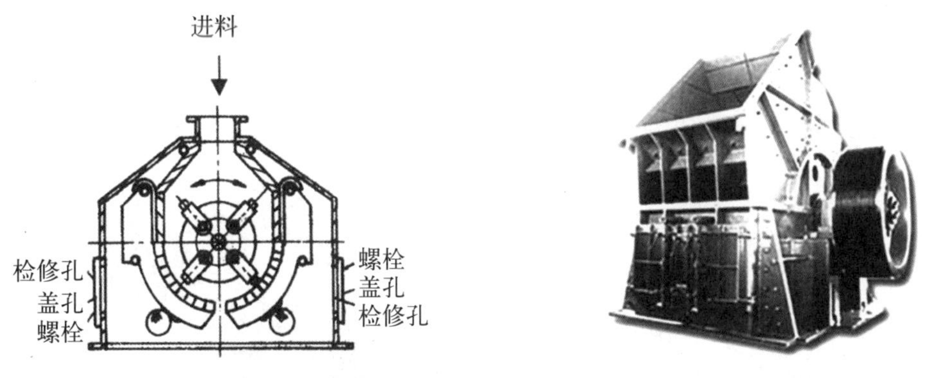

图8　单转子锤式破碎机及结构

上，可以在销轴上摆动。电动机带动主轴、圆盘、销轴及锤子以高速旋转。在转子的下部设有筛板，破碎物料中小于筛孔尺寸的细粒通过筛板排出；大于筛

孔尺寸的粗粒被阻流在筛板上，并继续受到锤子的打击和研磨，达一定颗粒度时，通过筛板排出。

图 9 为双转子锤式破碎机及结构。物料经右方给料口送入，经磨碎后排至左方破碎腔，再经左方研磨板运动 3/4 圆周后借风力排至上部旋转式风力分级机。分级后的细粒产品自上方排出机外，粗粒产品返回破碎机再度破碎。该机破碎比值可达 30。

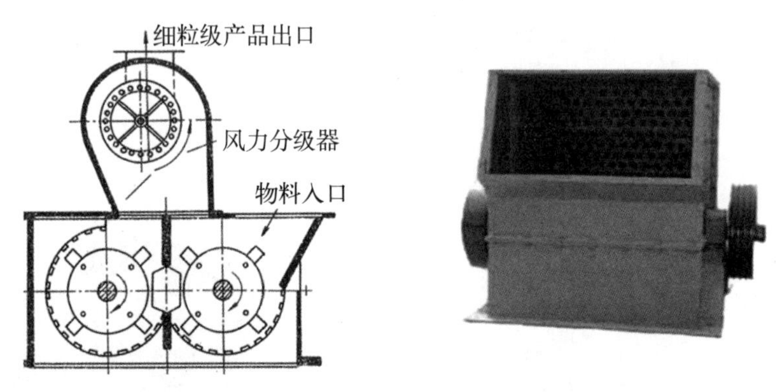

图 9　双转子锤式破碎机及结构

锤式破碎机主要用于破碎中等硬度且腐蚀性弱的固体废物，如硬质塑料、干燥木质废物等。

（3）辊式破碎机　辊式破碎机又称对辊破碎机，具有结构简单、紧凑、轻便、工作可靠、价格低廉等优点，广泛用于处理脆性物料和含泥的黏性物料，作为中、细破碎之用。

图 10 为双辊式破碎机及结构。它由破碎辊、调整装置、弹簧保险装置、传动装置和机架等组成。旋转的工作转辊借助摩擦力将给到它上面的物料块拉入破碎腔内，使之受到挤压和磨剥（有时还兼有劈碎和剪切作用）而破碎，最后由转辊带出破碎腔成为破碎产品排出。

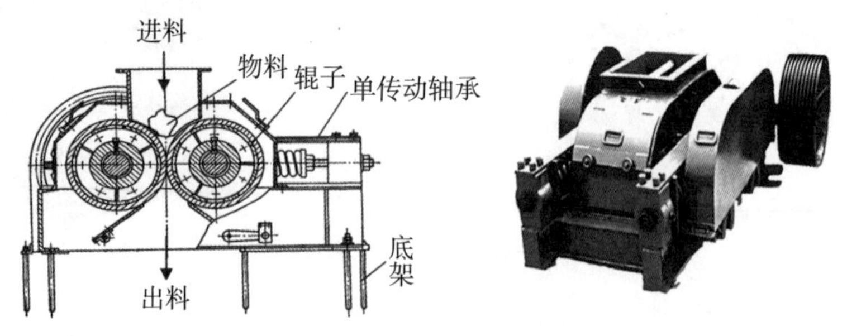

图 10　双辊式破碎机及结构

按辊子表面的构造，可分为光滑辊面和非光滑辊面（齿辊或沟槽辊）两大类。前者适用于处理硬性物料，后者适用于处理脆性物料。若按对辊机两个辊子的转速，可分为快速的(周速 4 ～ 7.5m/s)、慢速的(周速 2 ～ 3m/s)和差速的 3 种。其中，快速的生产率高，用得最多。

(4)剪切式破碎机　这类破碎机安装有固定刃和可动刃，可动刃又分为往复刃和旋转刃，其作用是将固体废物剪切成段或小块。剪切式破碎机可分为往复剪切式破碎机和旋转剪切式破碎机。

1)往复剪切式破碎机　往复剪切式破碎机及构造如图 11 所示。固定刃和活动刃通过下端活动铰轴连接，犹似一把无柄剪刀，开口时侧面呈“V”字形破碎腔，固体废物投入后，通过液压装置缓缓将活动刃推向固定刃，将固体废物剪成碎片(块)。

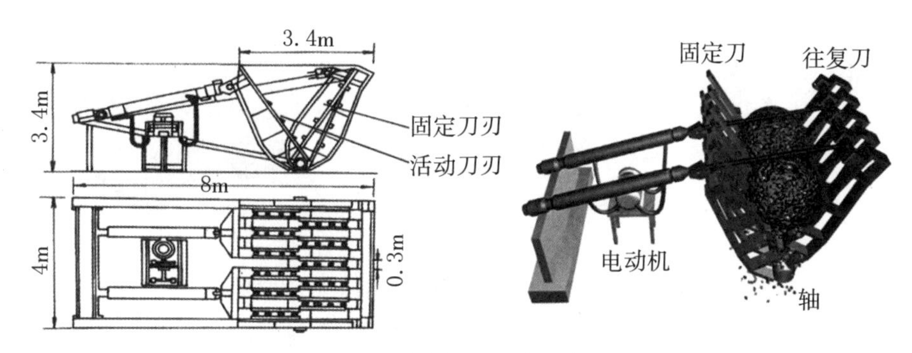

图 11　往复剪切式破碎机及构造

该机由若干固定刀刃和相应的活动刀刃构成，宽度为30mm，由特殊钢制成，磨损后可以更换。液压油泵最高压力为 12.8MPa，处理能力为 80 ～ 150m^3/h，可将厚度约 200mm 的普通钢板剪至 30mm，处理能力为 80 ～ 150m^3/h。这种破碎机比较适于垃圾焚烧厂废物的破碎。

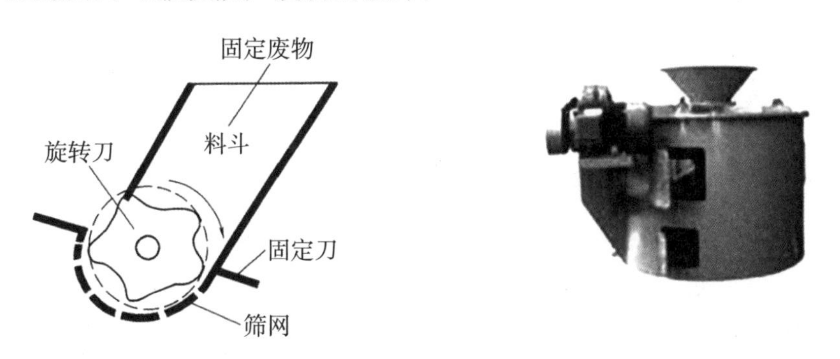

图 12　旋转剪切式破碎机及结构

2)旋转剪切式破碎机　图 12 所示为旋转剪切式破碎机及结构。该机由固定刀(1 ～ 2 片)、旋转刀(3 ～ 5 片)及投入装置等构成。投入的固体废物落入固定刀和旋转刀之间，并被剪断。该机的结构简单，但当混进硬度大的杂物时，易损坏固定刃和旋转刃。

（5）球磨机　图 13 是球磨机及结构图。它主要由圆柱形简体、端盖、中空轴颈、轴承和传动大齿圈等部件组成。简体内装有直径 25 ～ 150mm 的钢球；简体两端的中空轴颈有两个作用：一是起支承作用，使球磨机全部重量经中空轴颈传给轴承和机座；二是起给料和排料的漏斗作用。电动机通过联轴器和小齿轮带动大齿圈和简体缓缓转动。当简体转动时，在摩擦力、离心力和衬板共同作用下，钢球和物料被衬板提升，当提升到一定高度后，在钢球和物料本身重力作用下，产生自由泻落和抛落，从而对简体内底脚区内的物料产生冲击和研磨作用，使物料粉碎。物料达到磨碎细度要求后，由风机抽出。

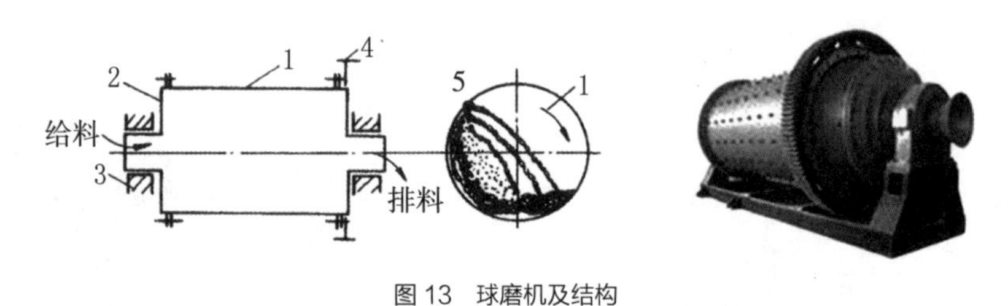

图 13　球磨机及结构

1. 简体　2. 端盖　3. 轴承　4. 小齿轮　5. 传动大齿圈

磨碎在固态废物处理与利用中占有重要位置。例如，对堆肥深加工需要使用球磨机。

（二）筛分

1. 筛分原理

筛分过程可看作是物料分层和细粒透筛两个阶段组成的。物料分层是完成分离的条件，细粒透筛是分离的目的。为了使粗细物料通过筛面分离，必须使物料和筛面之间具有适当的相对运动，使筛面上的物料层处于松散状态，即按颗料大小分层，形成粗粒位于上层、细粒位于下层的规则排列，细粒到达筛面并透过筛孔。细粒透筛时，尽管粒度都小于筛孔，但它们透筛的难易程度却不同。粒度小于筛孔 3/4 的颗粒，很容易通过粗粒形成的间隙到达筛面而透筛，称为“易筛粒”；粒度大于筛孔 3/4 的颗粒，很难通过粗粒形成的间隙到达筛面而透筛，而且粒度越接近筛孔尺寸就越难透筛，称为“难筛粒”。

由于筛分过程较复杂，影响筛分效率的因素也多种多样。主要影响因素有：入筛物料的性质，包括物料的粒度状态、含水率和含泥量及颗粒形状；筛分设备的运动特征；筛面结构，包括筛网类型及筛网的有效面积、筛面倾角；筛分设备防堵挂、缠绕及使物料沿筛面均匀分布的性能；筛分操作条件，包括连续均匀给料、及时清理与维修筛面等。

2. 筛分设备

在固态废物处理中，最常用的筛分设备是固定筛、滚筒筛、惯性振动筛、共振筛等。

(1)固定筛　固定筛的筛面由许多平行排列的筛条组成，筛面固定不动，筛子可以水平安装或倾斜安装，物料靠自身重力做下落运动。由于其构造简单、不耗用动力、设备费用低和维修方便，在固态废物处理中应用广泛。图 14 所示为固定筛结构示意图。

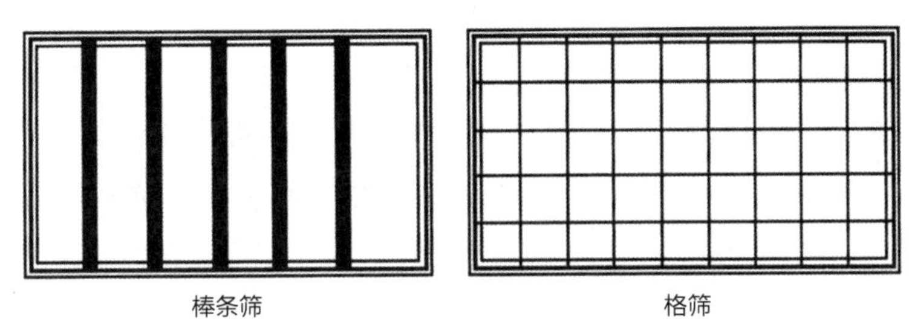

图 14　固定筛结构示意图

固定筛主要用于粗碎和中碎之前：其安装倾角应大于废物对筛面的摩擦角，一般为 30°～35°，以保证废物沿筛面下滑。棒条筛孔尺寸为要求筛下粒度的 1.1～1.2 倍，一般筛孔尺寸不小于 50mm。筛条宽度应大于固态废物中最大块度的 2.5 倍。该筛适用于筛分粒度大于 50mm 的粗粒废物。

(2)滚筒筛　筒筛筛面为带孔的圆柱形筒体，在传动装置带动下，筛筒绕轴缓缓旋转。为使废物在筒内沿轴线方向前进，筛筒的轴线应倾斜 3°～5° 安装。固态废物由筛筒一端给入，被旋转的筒体带起，当达到一定高度后因重力作用自行落下，如此不断地做起落运动，使小于筛孔尺寸的细粒透筛，而筛上物则逐渐移到筛的另一端排出(图 15)。

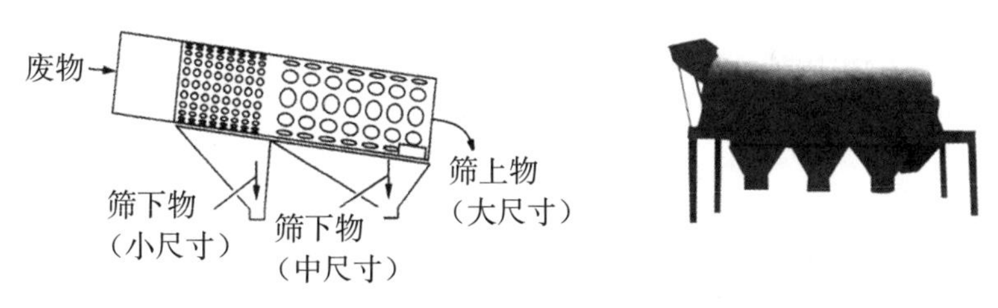

图 15　滚筒筛及结构示意图

（3）惯性振动筛　惯性振动筛是通过由不平衡物体（如配重轮）的旋转所产生的离心惯性力使筛箱产生振动的一种筛子（图 16）。惯性振动筛适用于细粒废物（粒径 0.1 ～ 0.15mm）的筛分，也可用于潮湿及黏性废物的筛分。

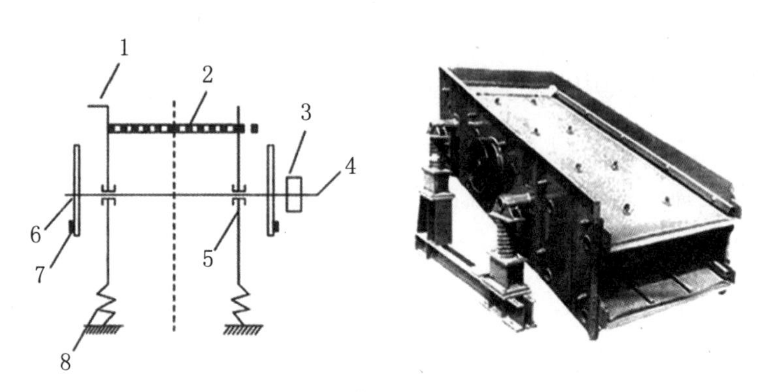

图 16　惯性振动筛及结构示意图

1. 筛箱　2. 筛网　3. 皮带轮　4. 主轴　5. 轴承　6. 配重轮　7. 重块　8. 板簧

（4）共振筛　共振筛是利用连杆装有弹簧的曲柄连杆机构驱动，使筛子在共振态下进行筛分（图 17）。筛箱、弹簧及下机体组成一个弹性系统，筛箱在曲柄连杆机构驱动下做往复运动（如图 17 中箭头所示），同时共振弹簧做共振。该弹性系统固有的自振频率与传动装置的强迫振动频率接近或相同，使筛子在共振状态下做筛分，故称为共振筛。

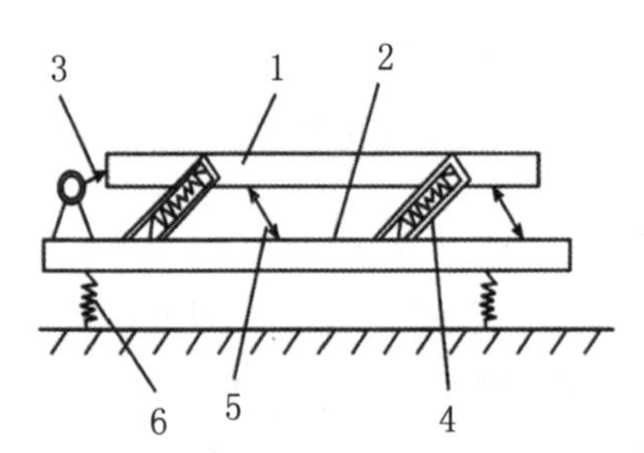

图 17　共振筛及结构示意图

1. 上筛箱　2. 下机体　3. 传动装置　4. 共振弹簧　5. 板簧　6. 支承弹簧

共振筛具有处理能力大、筛分效率高、耗电少以及结构紧凑等优点，功率消耗也较小。但其制造工艺复杂，机体笨重、橡胶弹簧易老化。共振筛的应用很广，适用于废物中细粒的筛分，还可用于废物分选作业的脱水、脱重介质和脱泥筛分等。

二、液态（半液态）废物的预处理

（一）筛分

1. 斜板筛

斜板筛是静止的斜置筛，主要由筛板、支架、挡板等组成，如图 18 所示。工作时，物料从上方进入，依靠物料自身的重力，以重力加速度落下击中筛板，使需要分离的固态物不能透过筛板而沿斜面滑下排出，液体则透过筛板沿挡板排出。

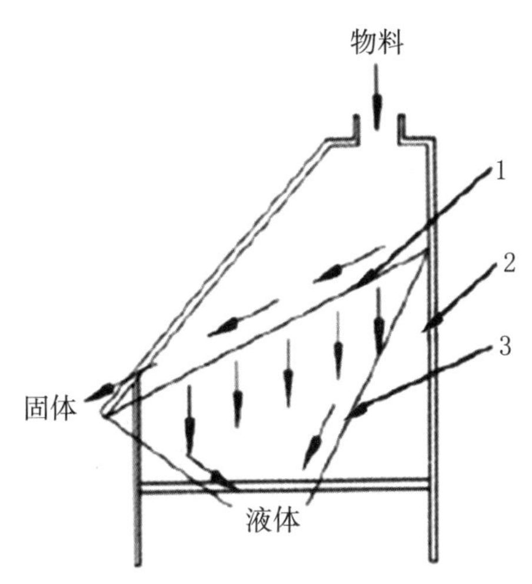

图 18　斜板筛结构示意图

1. 筛板　2. 支架　3. 挡板

斜板筛结构简单，成本低，易于安装和维护，但对固态物的去除率低，阻留的固态部分含水率仍较高（含水率 86%～90%）。尤其是使用一段时间后，筛孔易堵塞，需要经常清洗以保持固液分离的效果。

2. 振动平筛

振动平筛的结构如图 19 所示，是由振动器引起振动的平置筛板。固液分离时，固态物不能通过筛网，从上层排出，液体通过筛网，从下层排出。筛体振动加快了物料与筛面之间的相对运动，从而减少了筛孔的堵塞。当筛孔直径为 0.75～1.5mm 时，固态物的去除率为 6%～27%；对于 TS 含量大于 10% 以上的物料，振动筛的分离性能下降。振动筛结构相对简单，适用面广，但也存在工作噪声大、振动零部件易损坏等缺点。

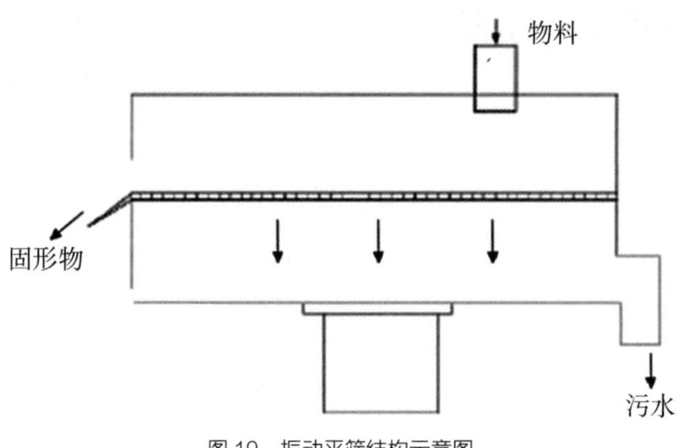

图 19　振动平筛结构示意图

（二）沉淀

沉淀是通过颗粒和水的密度差，在重力作用下进行分离。畜禽粪污处理常采用的沉淀池有平流式和竖流式。

1. 平流式沉淀池

平流式沉淀池呈长条形，粪水由池一端的进水管流入池中，经挡板后，水流以水平方向流过池子，粪便颗粒沉于池底，澄清的水再从另一端的出水口流出。前部设一个粪斗，沉淀于池底的固形物可用刮板刮到粪斗内，然后将其提升到地面堆积。

平流式沉淀池池底呈 1%～2%的相对坡度。池的大小可根据处理量的不同进行确定，一般长 30～50m、宽 5～10m、深 2.5～3m。污水在沉淀池内要保证停留 1～2h，水的流速不超过 5～10mm/s。

平流式沉淀池结构见图 20。

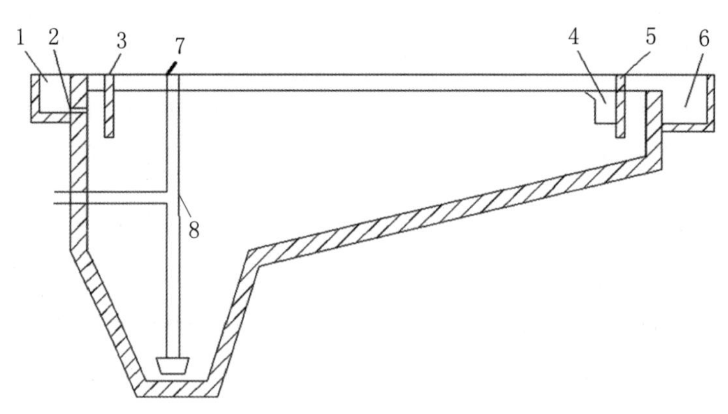

图 20　平流式沉淀池示意图

1. 进水槽　2. 进水孔　3. 进水挡板　4. 浮渣槽
5. 出水挡板　6. 出水槽　7. 排泥闸门　8. 排泥管

2. 竖流式沉淀池

竖流式沉淀池一般为圆形或方形(图21)。粪水从池内口中心管下部流入池内，经挡板后，水流在四周均匀分布，缓缓向上流动，流速超过上升流速的颗粒即向下沉降到污泥斗中，澄清后的清水由池顶四周的堰口溢出池外。这种沉淀池处理粪水的方法，在各类型畜牧场中均可采用。

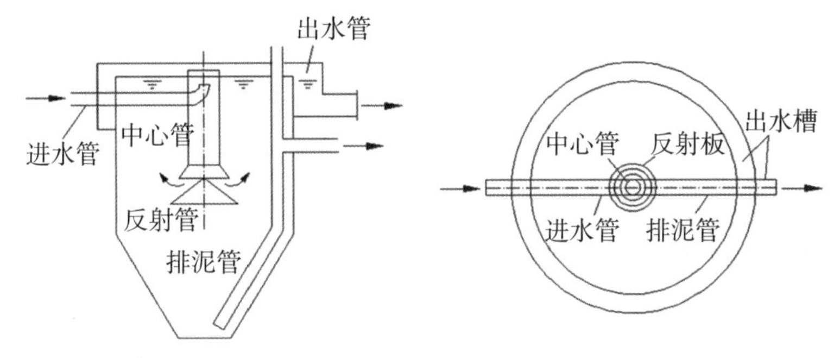

图21 竖流式沉淀池

竖流式沉淀池半径一般在10m以内。为保证水流自下而上地垂直流动，要求沉淀池直径与有效水深的比值不大于3。污水一般在池中停留时间为1～1.5h。在沉淀池的四周设有挡板，挡板距池壁0.4～0.5m，伸出水面0.1～0.2m，伸入水中0.15～0.2m。储泥斗的倾角为45°～60°。排泥管直径在200mm以上，距池底0.2m以内。

(三)离心分离

离心分离是依据固态部分和液态部分密度不同，在离心力场中沉降分层速度不同的原理使固液分离的一种方法。离心分离的分离效率要高于筛分，而且分离后的固态物含水率相对较低。离心分离机按不同方法可分为不同类别，其中卧式螺旋离心机(图22)是典型的离心沉降设备。

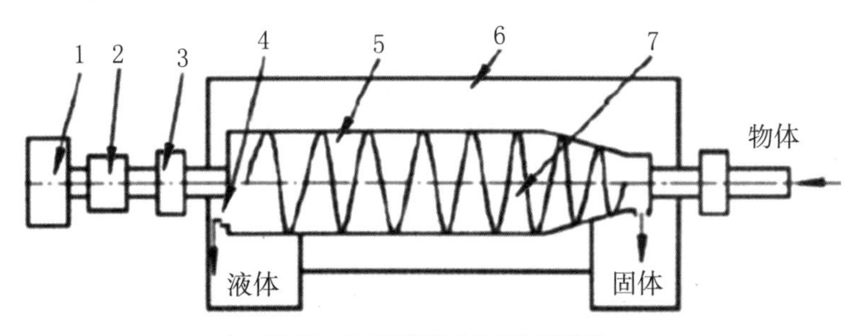

图22 卧式螺旋离心机结构示意图

1. 带轮 2. 差速器 3. 轴承座 4. 溢流板 5. 转鼓 6. 罩壳 7. 螺旋输送器

卧式螺旋离心机主要由高转速的转鼓、与转鼓转向相同且转速比转鼓略低的带空心转轴的螺旋输送器和差速器等部件组成。当要分离的物料由空心转轴送入转筒后，在高速旋转产生的离心力作用下，立即被甩入转鼓腔内。高速旋转的转鼓产生强大的离心力把比液态密度大的固态颗粒甩贴在转鼓内壁上，形成固体层（因为环状，称为固环层）；水分由于密度较小，离心力小，因此只能在固环层内侧形成液体层，称为液环层。由于螺旋和转鼓的转速不同，二者存在有相对运动（即转速差），利用螺旋和转鼓的相对运动把固环层的固态物缓慢地推动到转鼓的锥端，并经过干燥区后，由转鼓圆周分布的出口连续排出；液环层的液体则靠重力经溢流板排至转鼓外，形成分离液。

卧式螺旋离心机分离速度快，出渣量及含水率可调整，但设备价格较高，能耗大，清洗内部零部件不方便。

（四）压滤

压滤是在外加一定压力的条件下使含水废物过滤脱水的操作，可分为间歇型与连续型两种。间歇型的典型压滤机为板框式压滤机，连续型的压滤机为带式压滤机。

1. 板框式压滤机

图23所示为板框式压滤机及结构示意图，它由滤板与滤框相间排列组成。滤框双侧用滤布包夹在中间，两端用夹板固定。板与框均开有沟槽和进泥孔相连，形成导管。过滤时，用泵将物料由导管压入机内，分别导入各滤框空间，滤液通过滤布，沿滤板沟槽汇集于排液管排出，滤饼留在框内。当一次操作完成后，压滤机自动拉开框板，卸出滤饼。

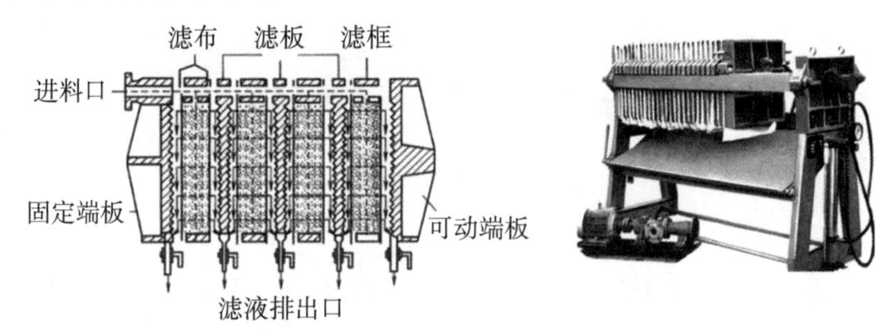

图23　板框式压滤机及结构

板框式压滤机结构简单，TS去除率高，但处理能力较低，滤布易堵塞，造成固液分离后的固态物产量和含水率不稳定。

2. 带式压滤机

带式压滤机种类很多，但基本结构相同，都由滚压轴和滤布组成。主要区别在于挤压方式与装置的不同。图 24 所示为滚压带式压滤机及结构示意图。

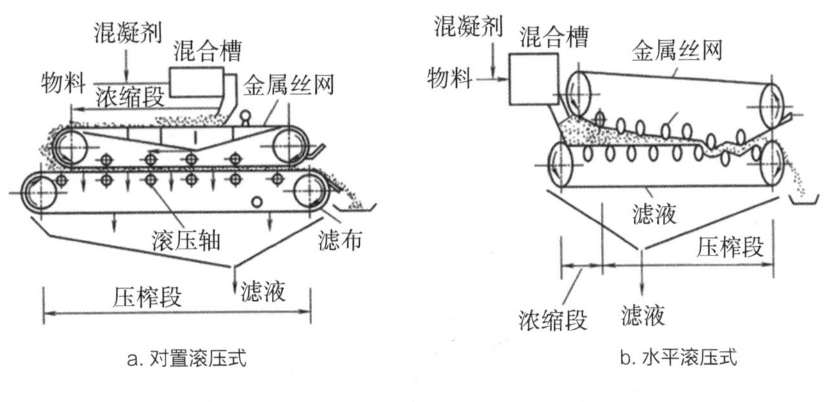

图 24　滚压带式压滤机及结构示意

滚压方式一般分为对置滚压式和水平滚压式两种。对置滚压式的滚压轴处于上下垂直的相对位置，物料由双带之间通过，经上下压滚挤压，滤液通过滤布而排出。水平滚压式的滚压轴上下错开，物料既受到挤压作用，又同时受到剪切作用，挤压作用力较对置滚压式的小，剪切作用力可使物料的脱水效率得到提高，并使滤饼容易从过滤带上剥离。

图 25 所示为三级皮带压滤机及结构示意图。这是一种将重力脱水、转筒—压滚脱水、压滚—压滚脱水组合起来的脱水装置，使滤饼介于上、下两条金属网带之间而被挤压。压滚的挤压力可根据滤饼的性质调节弹簧而定。

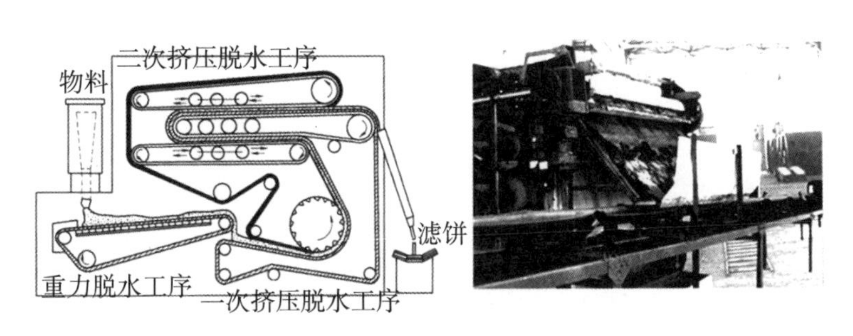

图 25　三级皮带压滤机及结构示意

3. 螺旋挤压机

螺旋挤压机是将重力过滤、挤压过滤、高压压榨融为一体的新型分离装置，如图 26 所示。调速电动机运转正常后，物料从进料箱均匀加入，进机后的物料在螺旋旋转叶片推动下沿轴向前进，前进过程中物料受变化的螺距和调节挡板的作用，形成巨大的挤压力，使物料在外力作用下进行机械脱水，水分通过筛网在出水口处排出，脱水后的物料在出料箱处排出。

图 26　螺旋挤压机

与带式压滤机相比，螺旋挤压机结构简单，操作方便，运行费用低，耗能低，同时由于不采用滤布，因此不会堵塞，维修管理费用降低。

除了上述各种分离方法和设备外，还有其他利用多种分离原理组合而成的分离设备。在实际应用时，要从畜禽养殖废物的处理环境、经济性原则以及对后期处理工艺的要求等方面综合考虑，选择合适的固液分离设备。

专题二
固态废物的处理与利用技术

专题提示

畜禽粪便是营养成分丰富的可再利用资源，如果对其进行灭菌、脱水、稳定化等无害化处理，则可以生产优质堆肥和商品肥料。畜禽养殖固态废物的有机物含量高，同时还含有大量的能够促进农作物生产的氮、磷、钾等营养元素，综合肥力远远高于普通农家肥。

I 堆肥化技术

一、堆肥

1. 堆肥的作用

由于畜禽养殖废物内含有大量的病原微生物和寄生虫卵，如果不及时处理会滋生蚊蝇，使环境中病原菌种类增多、数量增大、病原菌和寄生虫蔓延，危及人畜健康。畜禽养殖固态废物若大量堆积不仅占用土地，还会对土壤造成破坏，使其降低或失去生产能力。对畜禽养殖固态废物进行堆肥处理可较好地实现其减量化、无害化和资源化。

2. 堆肥产品效益分析

畜禽粪便堆肥产品不仅含有丰富的氮、磷、钾、钙、镁等大量营养元素，而且含有铁、铜、锌、锰、硼等微量元素，因此是一种全面的、综合的植物养分供应源。畜禽粪便堆肥的施用量通常是根据生物活性及C/N差异来确定，在适当的范围内施用畜禽粪便堆肥腐熟后的产品，可提高肥料利用率，改善土壤质量，促进植物生长，减少或避免了化肥施用过程中产生的弊端，且可以增加土壤中腐殖酸的含量，为植物生长和土壤环境质量的改良创造更好的条件。如在旱作土壤中连续施用猪粪堆肥后土壤中氮、钾、钙等养分含量均有所提高，见表 1。

表 1　旱作土壤中连续施用猪粪堆肥（添加锯末）后土壤的理化性状变化

处理	含水率（%）	pH	TC（%）	TN（%）	C/N	速效氮	
						NH_4^+—N	NH_3^-—N
对照（不施有机肥）	19.5	4.55	0.94	0.123	7.6	5.9	6.1
稻草施用区	20.8	4.80	1.06	0.137	7.7	3.7	8.4
堆肥 2t 施用区	20.9	5.00	1.76	0.182	9.7	0.7	40.2
堆肥 4t 施用区	23.2	5.38	2.47	0.289	8.5	1.5	49.5

处理	交换性阳离子（mg）			土壤阳离子交换量（CEC）/（cmol/kg）	三相分布（%）		
	CaO	MgO	K_2O				
对照（不施有机肥）	197	41	33	9.4	50.2	31.8	18.0
稻草施用区	193	37	55	10.4	48.1	32.7	19.2
堆肥 2t 施用区	204	64	67	12.2	44.9	32.0	23.1
堆肥 4t 施用区	221	98	139	14.2	44.5	35.2	20.3

二、堆肥的影响因素

（一）微生物

堆肥是在微生物的作用下，将堆料中的有机物分解并转化、合成腐殖质的过程。根据堆肥处理过程中微生物对氧气的需求情况不同，可分为好氧堆肥和厌氧堆肥两种。好氧堆肥是在通气性好、氧气充足的条件下，利用好氧微生物来降解有机物，其分解的代谢产物主要是水、热以及二氧化碳，降解彻底，释放能量多。因此，通常好氧堆肥温度高，也称高温堆肥。厌氧堆肥则是在通气性能差、氧气不足的条件下，借助厌氧微生物的生命活动进行的一种发酵堆肥，分解的产物是二氧化碳、甲烷以及一些低分子量的中间产物。相比好氧堆肥，厌氧堆肥耗时较长，降解不彻底，产生的能量较少，生产周期也较长，而且容易产生臭味。因此，好氧堆肥是堆肥最有效的处理途径。

（二）水分状况

按重量计，50%～60%的含水率最有利于微生物分解，含水率超过70%，温度难以上升，分解速率明显下降。因为水分过多，使堆体空隙之间充满水，不利于通风、供氧。同时会造成堆体成厌氧状态，不利于好氧微生物生长并产生硫化氢等恶臭物质。而水分低于40%不能满足微生物生长需要，有机质难以分解。一般认为，55%～60%的起始含水率对鸡粪和牛粪的好氧堆肥是合适的。

（三）pH

有机固态废物发酵过程的适宜pH为6.5～7.5，因为这是微生物（尤其是细菌和放线菌）生长最合适的酸碱度。常见畜禽粪便的pH都在6～8，因而在堆肥前一般不需要调节pH。

（四）温度

温度是堆肥过程中微生物活动的结果，也是控制堆肥过程中的重要参数。温度的作用主要是影响微生物的生长，决定不同阶段优势微生物的种类，而不同阶段微生物的新陈代谢释放热量又导致堆体温度的变化。这种堆体微生物与温度的相互作用决定了不同阶段微生物种群的演替。

同时，温度也影响到堆肥物料的无害化程度，如美国环保局规定，彻底去除病原菌的温度标准是对于反应器系统和强制通风静态垛系统，堆体内部温度大于55℃的时间必须达3d以上。对于条垛系统，堆体内部温度大于55℃至少15d，且在操作过程中，至少翻堆5次。我国国家标准规定在50～55℃要维持5～7d，以达到杀灭病原菌、杂草种子的目的。

（五）碳氮比（C/N）

碳氮比（C/N）指制作堆肥有机质材料中，碳素与氮素的比例。在堆肥过程中，微生物将碳作为能源，大量的碳在微生物的代谢过程中由于氧化作用生成二氧化碳而排出；一部分碳则构成细胞的结构物质，如细胞膜。氮主要用于蛋白质、核酸等细胞物质的合成。故就微生物对营养的需要而言，C/N是一个重要因素，一般认为堆肥物料的 C/N 的比值应控制在 25 ～ 35。过高的 C/N 会使微生物因为缺乏足够的氮而无法快速生长，使堆肥进展缓慢，并且堆肥施入土壤后，将会发生夺取土壤中氮素的现象，产生“氮饥饿”状态，对作物生长产生不良影响；过低的 C/N 又会使微生物生长过于旺盛，甚至出现局部厌氧，散发难闻气味，同时大量的氮以氨气形式放出，降低了堆肥质量。

一般认为，鸡粪堆料的 C/N 的比值在 15 ～ 30、牛粪堆料的在 25 ～ 50，均能很好地进行高温好氧堆肥，在此范围内，堆肥化产物稳定，符合卫生标准。研究认为鸡粪堆料的 C/N 的比值为 23.4、牛粪堆料的 C/N 的比值为 34 比较经济，猪粪堆料的 C/N 的比值为 29 时发酵效果较好。

（六）通风状况

在好氧堆肥过程中，必须向堆体中通入空气，这主要是由于 3 个方面的基本原因：首先，在有机物分解过程中需要氧气，必须通过鼓风提供微生物分解有机物所需要的这部分氧气（即按化学式计量组成所需的空气量）。其次，为了达到从堆肥物料中去除水分的目的，也必须向堆体中鼓风（即干燥所需的空气量）。干燥作用是堆肥过程中能够得到的一个重要的益处，特别是对于湿度大的物料。最后，必须通过鼓风带走有机物分解过程中产生的热量，以便控制反应过程的温度（散发热量所需的空气量）。如果不通过鼓风对温度进行控制，堆肥过程中当温度上升到一定程度后会抑制微生物的活性，不利于堆肥的进行。

三、堆肥的分类

（一）好氧堆肥

好氧堆肥过程中畜禽粪便物质成分的变化如图 27 所示。

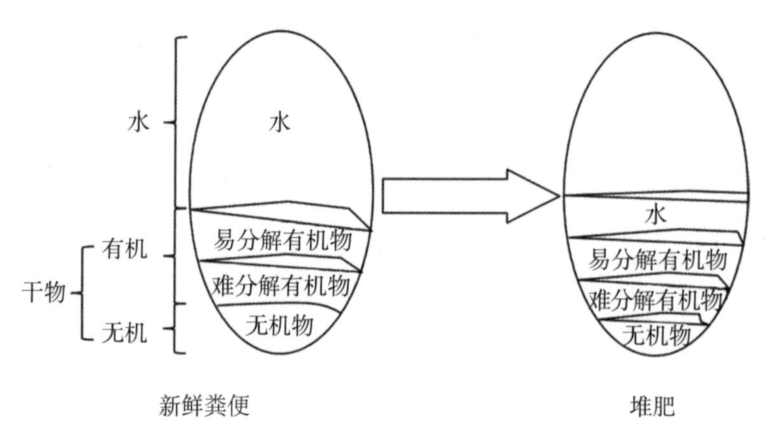

图 27　好氧堆肥处理中畜禽粪便成分的变化

通常好氧堆肥堆体温度高，一般在 50 ～ 70℃，故亦称为高温堆肥。由于高温堆肥可以最大限度地杀灭病原菌、虫卵及杂草种子，同时将有机质快速地降解为稳定的腐殖质，转化为有机肥，因此目前实际生产中，多采用高温好氧堆肥。

好氧堆肥过程应伴随着温度变化过程，将其分成 3 个阶段：起始阶段、高温阶段和熟化阶段。

1. 起始阶段

不耐高温的细菌分解有机物中易降解的碳水化合物、脂肪等，同时放出热量使温度上升，温度可达 15 ～ 40℃。

2. 高温阶段

耐高温细菌迅速繁殖，在有氧条件下，大部分较难降解的蛋白质、纤维素等继续被氧化分解，同时放出大量热能，使温度上升至 70℃。当有机物基本降解完，嗜热菌因缺乏养料而停止生长，产热随之停止。堆肥的温度逐渐下降，当温度稳定在 40℃，堆肥基本达到稳定，形成腐殖质。

3. 熟化阶段

冷却后的堆肥，一些新的微生物借助残余有机物（包括死后的细菌残体）而生长，将堆肥过程最终完成。

案例分析

以某猪粪堆肥厂为例，对好氧堆肥做简要介绍。

该猪粪堆肥厂设计规模为 20t/d。堆肥处理工艺为高温静态垛发酵（翻抛加自然通风）工艺。工艺流程主要是混料预处理→一次发酵→二次发酵→后熟发酵→储存。

1. 预处理

混料车间中，斗式储泥仓中的猪粪与经皮带机输送的秸秆、回填料在料仓中按一定比例进入无轴螺旋并送至混料机混料，混合后的物料含水率在 60%左右，混合后的物料由装载机送至堆肥发酵车间发酵槽内（图 28）。

图 28　某猪粪堆肥厂车间内部场景

2. 发酵阶段

物料堆放在好氧堆肥车间的发酵槽内发酵，发酵槽容量为 3 000m^3，实际布料 2 000m^3，约 1 600t。混合料需发酵 30 ～ 40d，分三阶段。第一阶段为升温期：经过 3 ～ 6d 的升温期，温度从 30℃升至 55℃，此阶段主要是中温菌的生成和作用、高温菌的培养过程；第二阶段为高温期：15 ～ 25d，温度保持在 55 ～ 75℃，长时间的高温基本可以全部杀死猪粪中的大肠杆菌、蛔虫卵等，实现猪粪的无害化；第三阶段为脱水期：需 5 ～ 10d，堆温从 55℃逐渐下降，通过翻抛工艺使堆肥物料水分大量蒸发，实现干化和减量化。在发酵过程中，堆肥物料中的有机质逐步分解降至 40%，实现畜禽粪便的稳定化。

3. 后熟发酵、储存阶段

出槽腐熟料一部分进入堆肥仓进行后熟发酵，一部分经筛分机筛分晒上物作为回填料，筛下物作为成品有机肥入库。

（二）厌氧堆肥

图 29 是厌氧发酵过程示意图，图 30 是可控厌氧堆肥反应器系统示意图。以纤维素为例，堆肥的厌氧分解反应表示为：

$$(C_6H_{12}O_6)_n \longrightarrow 3nCO_2 + 3nCH_4 + 能量$$

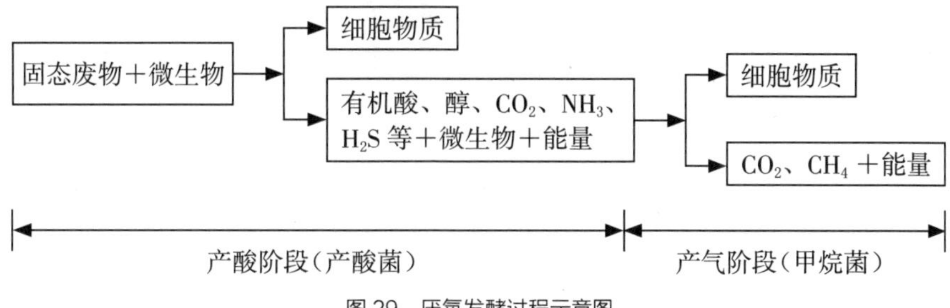

图 29　厌氧发酵过程示意图

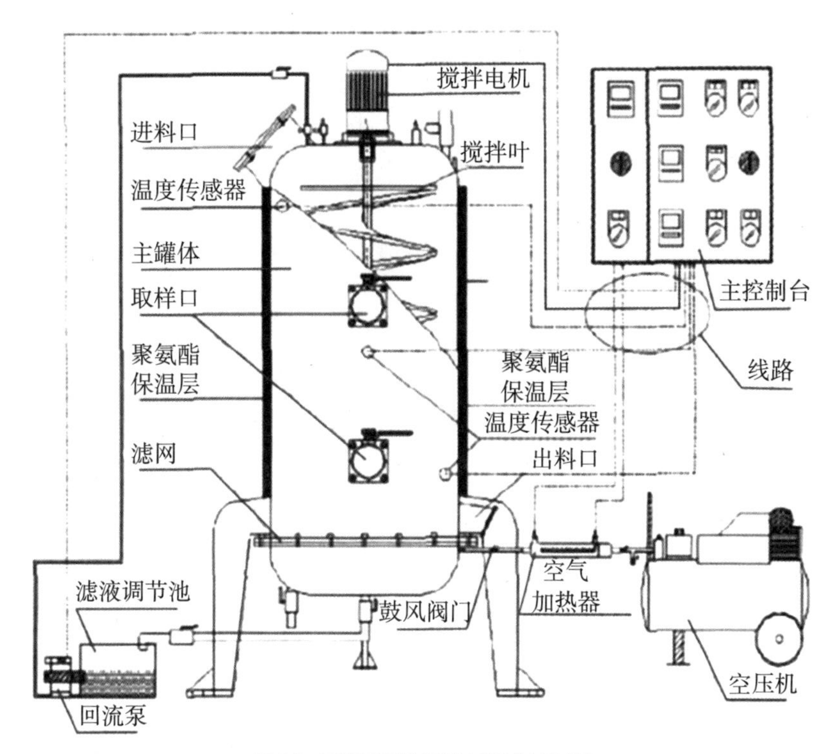

图 30　可控厌氧堆肥反应器系统示意图

（三）两种堆肥方式的优缺点和适用范围介绍

作为堆肥技术的两种方式，好氧堆肥和厌氧堆肥各有利弊，实际应用中应根据具体情况加以合理利用。与厌氧堆肥相比，好氧堆肥效率高、设备体积小、相对简单，因此适合于处理量较少的场合；由于厌氧发酵后的产物呈液态，有时仍含少量病原菌和散发臭气，所以在农田施用前必须经过灭菌并利用专门的沼液散布机械进行喷洒，施肥田块的土地面积也要更大，所以该方法比较适合于大农场使用。此外，由于沼气的产生受外界温度变化影响大，在北方寒冷的冬季产气量低，因此比较适合我国南方。表 2 总结了好氧堆肥与厌氧堆肥的优缺点。

表 2　好氧堆肥与厌氧堆肥的优缺点

工艺	优点	缺点
好氧堆肥	1. 高品质的产品可农用，可销售	1. 要求脱水后的废弃物含水率低
		2. 要求填充剂，要求强力透风和人工翻动
	2. 可与其他工艺联用	3. 投资随处理的完整性、全面性而增加
		4. 可能要求大量的土地面积
厌氧堆肥	1. 良好的有机物降解率（40%～60%）	1. 要求操作人员技术熟练
		2. 可能产生泡沫
	2. 如果气体被利用，可降低净运行成本	3. 可能出现“酸性消化池”
		4. 上清液富含 COD、BOD、SS 及氨
	3. 应用性广，生物固体适合农用	5. 清洁困难（浮渣和粗砂）
		6. 可能产生令人厌恶的臭味
	4. 总处理量减少，净能量消耗低	7. 初期投资高
		8. 有鸟粪石形成（矿物沉积）和气体爆炸的安全问题

四、堆肥基本工艺及设备

如图 31 所示，堆肥化系统设备的基本工艺流程大致可分为计量设备、进料供料设备、预处理设备、发酵设备、后熟处理设备及其他辅助处理设备等。

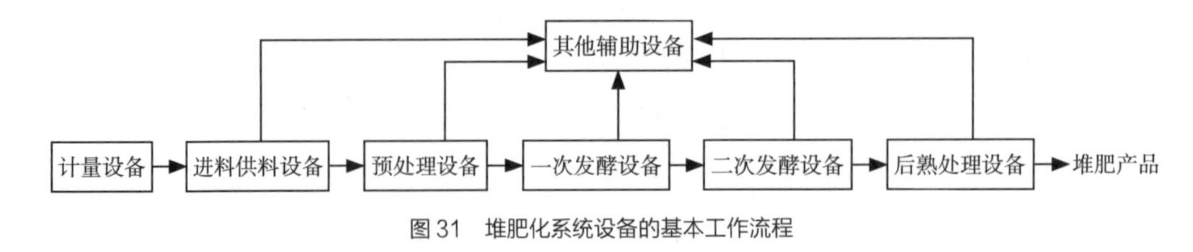

图 31　堆肥化系统设备的基本工作流程

（一）条垛式堆肥系统

条垛式堆肥（图 32）是一种传统式的堆肥方法，它将堆肥物料以条垛式条堆状堆置，在好氧条件下进行发酵。垛的断面可以是梯形、不规则四边形或三角形。条垛式堆肥的特点是通过定期翻堆的方法通风。发酵周期为 1 ～ 3 个月。

图 32　条垛式堆肥

条垛系统的堆体规模必须适当。如果堆体太小，则保温性差，易受气候影响。若堆体太大，易在堆体中心发生厌氧发酵，产生强烈臭味，影响周围环境。根据综合分析和实际运行经验，建议垛的尺度为底宽 2 ～ 6m；高 1 ～ 3m，长度不限。最常见的料堆尺寸为底宽 3 ～ 5m；高 2 ～ 3m，其横截面大多呈三角形。

条垛式堆肥系统优点：所需设备简单，成本投资相对较低；堆肥易于干燥，填充剂易于筛分和回用；堆肥产品腐熟度高、稳定性好。

条垛式堆肥系统缺点：占地面积大；堆腐周期长；需要大量的翻堆机械和人力；需要频繁的监测，才能保证通气和温度要求；翻堆会造成臭味散发，影响周围环境；受气候影响大。

（二）强制通风静态垛堆肥系统

在条垛式系统加上通风系统，成为应用强制通风静态垛堆肥系统的开端，其能更有效地确保高温和病原菌的灭活。它不同于条垛式系统之处在于堆肥过程中不是通过物料的翻堆而是通过鼓风机强制通风向堆体供氧。在静态垛堆肥中，堆体下部设一些通风管路（固定式和移动式）与鼓风机连接。在这些管路上铺一层木屑或其他填充料，可以使通气达到均匀，然后在这层填充料上堆放堆肥物料构成堆体，在最外层覆盖过筛或未过筛的堆肥产品进行隔热保温。整个堆体应在沥青或水泥地面上进行，以防止渗滤液对土壤的污染或对地面的腐蚀。

强制通风静态垛堆肥系统的优点：占地面积小；设备投资相对低；能更好地控制温度及通风条件；堆腐时间相对短，一般 2 ～ 3 周；产品稳定性好，能更有效地杀灭病原菌及控制臭味。缺点：强制通风静态垛堆肥系统也存在发酵过程中易受气候条件影响的问题。

案例介绍

郑州某学院有机废弃物堆肥模拟系统采用的就是强制通风静态垛堆肥系统，并实现自动化控制，下面对其做简要介绍。

该系统是一种自动化控制的污泥好氧发酵实验模拟系统，其包括发酵罐部分和监控部分：所述发酵罐部分包括发酵罐、可变频鼓风机和流量计，所述流量计用以测量鼓风机、引风机的气体流量，所述可变频鼓风机的出口端与发酵罐底端连接；所述监控部分包括监测计算机，PLC 控制板，变频器，温度、氧气、氨气、硫化氢探头，环境温湿度检测器，环境氨气和硫化氢监测器，监测计算机与 PLC 控制器连接，PLC 控制器通过控制机构分别与上述可变频鼓风机和引风机相连接，分别控制发酵罐的进气和出气量。该发明系统能够自动智能控制发酵过程，可根据发酵过程的温度、氧气、氨气和硫化氢状况，反馈控制鼓风机变频运行，实现精准控温和智能供氧。图 33 为该系统自动化控制的堆肥发酵实验模拟系统的结构示意。

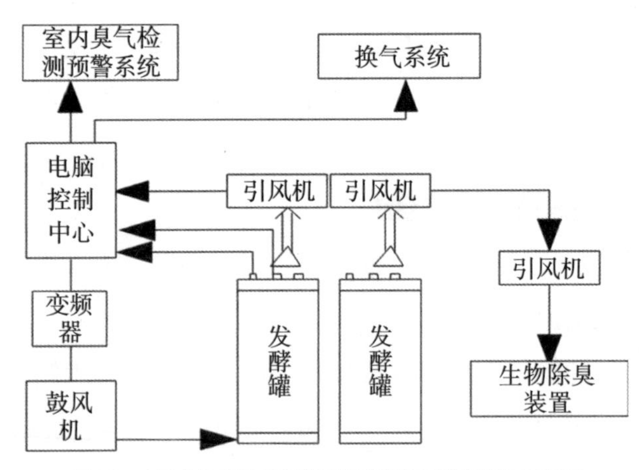

图 33　自动化控制的堆肥发酵实验模拟系统的结构示意图

该系统能够自动智能控制发酵过程，可根据发酵过程的温度、氧气、氨气和硫化氢状况，反馈控制鼓风机变频运行，实现精准控温和智能供氧，达到最合适的鼓风量，节约电能；并且可控制臭气的排放和污染，适当的时候开启引风机，避免臭气排放到外部环境中，如果有泄漏，还可以通过环境氨气和硫化氢监测器对环境的温湿度、氨气和硫化氢的浓度，自动适时开启除臭引风机和排风换气系统，控制发酵过程臭气释放量至规定的阈值以下，保证实验操作人员的工作环境。自动化控制的堆肥发酵实验模拟系统见图 34。

图 34　自动化控制的堆肥发酵实验模拟系统

（三）反应器系统

反应器堆肥流程示意图见图 35。

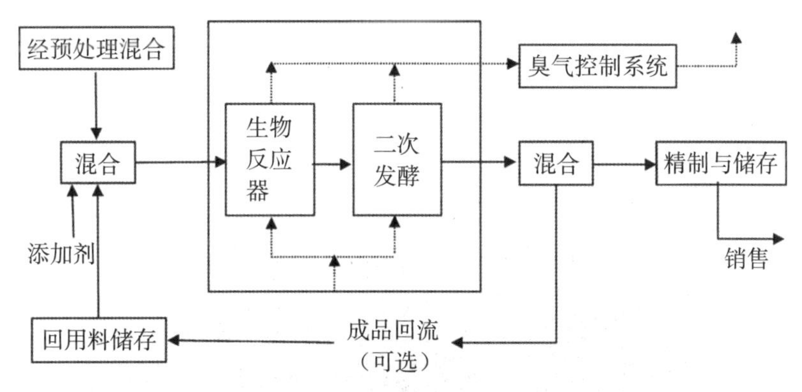

图 35　反应器堆肥流程示意图

反应器堆肥的主要特色在于其物料传输系统。堆肥场高度机械化，设备的设计尽量考虑堆肥在单一反应器中完成，使用转输设备进行物料的转移。这样就实现了人力成本和固定投资的转化。

（1）筒仓式堆肥反应器　该反应器堆肥系统是一种从顶部进料、底部卸出堆肥的筒仓，每天都由一台旋转桨或轴在筒仓的上部混合堆肥原料、从底部取出堆肥。通风系统使空气从筒仓的底部通过堆料，废气在筒仓的上部收集和处理废气。这种堆肥方式堆肥周期为10d。每天取出堆肥的体积或重新装入原料的体积约是筒仓体积的1/10。从筒仓中取出的堆肥经常堆放在第二个通气筒仓。由于原料在筒仓中垂直堆放，因而堆肥的占地面积很小。尽管如此，这种堆肥方式仍需要克服物料压实、温度控制和通气等问题，因为原料在仓内得不到充分混合，必须在进入筒仓之前就混合均匀。图36是日本的一种筒仓式堆肥系统，发酵室的总容量是66.0m^3，每天通过进料料斗可进料约6m^3。物料在反应室中发酵10d，可用于生活垃圾、养殖粪污、污泥等有机固态废弃物的处理。

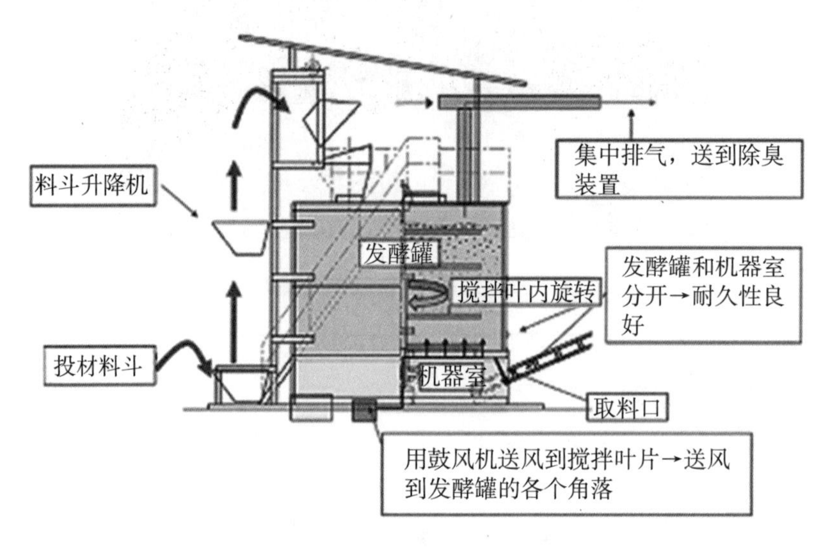

图36　典型的筒仓式堆肥系统的示意图和实物图

（2）塔式堆肥反应器　图 37 是典型的塔式堆肥系统。新鲜的畜禽粪便、发酵菌剂和发酵所需的各种辅料，搅拌均匀后经皮带或料斗设备提升到多层的塔式发酵仓内，堆肥物料被连续地或间歇地输入这些系统，通常允许物料从反应器的顶部向底部周期性地运输下落，同时在塔内通过翻板的翻动进行通风、干燥。这种堆肥系统的特点是省地省工，但相对投资较大，设备维修困难。

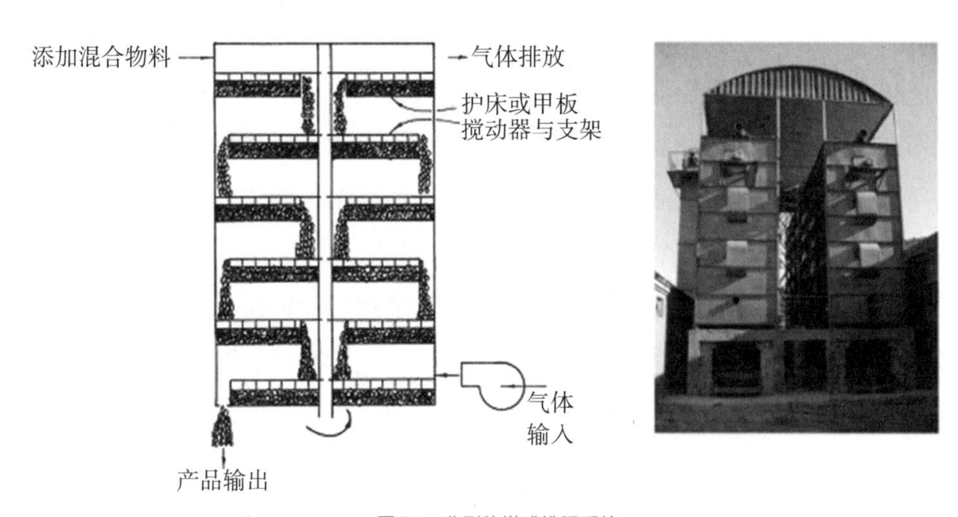

图 37　典型的塔式堆肥系统

我国学者陈海滨和万迎峰（2006）设计的发酵塔反应器，其基本结构为密封式多层发酵舱（3 ～ 5 层），每层底部为活动翻板，发酵原料由装置的顶部进入，经布料装置撒入顶层发酵舱，一定间隔期后，发酵原料在重力作用下经活动翻板落入下层，以此类推，发酵塔顶部设有抽风口，外接除臭系统，装置的两侧设有通风及排风管线，将空气引入活动翻板下面，经活动翻板的缝隙进入上一层发酵舱，从上一层发酵舱的上部或顶部排出，实现供氧及散热功能，发酵周期为 4 ～ 6d。

（3）滚筒式堆肥反应器　滚筒式堆肥反应器是一个使用水平滚筒来混合、通风以及输出物料的堆肥系统。滚筒架在大的支座上，并且通过一个机械传动装置来翻动。在滚筒中堆肥过程很快开始，易降解物质很快被好氧降解。但是堆肥必须被进一步降解，通常采用条垛或静态好氧堆肥来完成堆肥过程的第二阶段。在一些商业堆肥系统中堆料在滚筒中停留不到 1d，滚筒基本上作为一种混合设备。图 38 是一个典型的滚筒式堆肥系统简图。

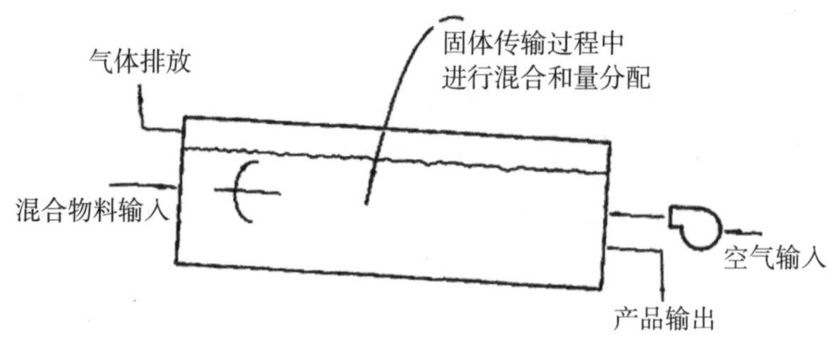

图 38　滚筒式堆肥系统简图

（4）搅动箱堆肥反应器　搅动箱堆肥反应器是一种水平流动的、通风固体搅拌箱式反应器，它采用强制通风和机械搅动，可以使操作更加灵活。反应器通常不封顶，而且是安装在建筑物内，为的是能够全天操作和控制杂质。许多反应器一天只进行一次原料循环。一般分圆形和矩形反应器两种。

在圆形反应器系统里，许多旋转钻顺次安装在移动的桥上，从反应器的中心旋转，很像一个圆形的清理器装置，一般完成一次旋转需要 2h。当桥旋转的时候，原料沿外围给入。钻头在反应器里面搅动原料，而且将新的原料与旧的堆肥物质混合。原料逐渐地输送到反应器的中心，在那里经过一个可以调节的溢流口下落到一个出口传送带上，这个出口传送带位于反应器下面的廊道上。

矩形搅动箱反应器系统的搅动装置安装在箱壁顶端的横杆上运转，像圆形箱一样，原料从箱子的一端进入然后靠搅动装置沿箱子移动，最后从箱子的另一端出来。箱式系统的长宽可调节，有较小的箱子，宽 2m，长 2m，高 3m；较大的箱子，宽 6m，高 3m，长 220m。较大的箱子通过把基质沿着箱子的长度放在指定的格子内操作。原料在 1 周后翻转，而且一直保存在指定的格子内，直到可以移出。如果用小箱子，原料可以每天搅动。其系统如图 39 所示。

图 39　矩形搅动箱反应器系统

(5)圆形搅拌床堆肥反应器　圆形搅拌床堆肥反应器是一种通过翻搅使物料从圆的周边向圆中心移动的堆肥装置。堆肥物料通过装在旋转臂上的输送系统从反应器的边沿进入，经过装在一个旋转臂上的垂直螺杆搅拌，原料沿外围给入。钻头在反应器里面搅动原料，而且将新的原料与旧的堆肥物质混合。原料逐渐地输送到反应器的中心，在那里经过一个可以调节的溢流口下落到一个出口传送带上，这个出口传送带位于反应器下面的传输装置上。空气从底部的分布环进入，上部为活动的圆形顶，可以根据操作要求打开或关闭圆顶。

(6)隧道窑式堆肥反应器　隧道窑式堆肥反应器是一种全封闭式发酵系统，把发酵槽做成了相互独立的隧道式结构，像一节矩形断面的隧道，物料在发酵过程和翻堆时产生的一些臭气和粉尘，可以通过废气收集管道抽出并集中进行处理，尽可能减少对环境和人员带来的不利影响。发酵仓的尺寸和数量可以根据所处理物料量的多少来决定。在发酵仓的底部有通风管道，通过控制系统向发酵仓内供风。隧道式发酵仓堆肥周期为 7 ～ 15d，堆肥温度可以上升至 60 ～ 70℃。这种系统的特点是自动化程度高、环保系数高、设备相对不容易过度磨损，使用寿命较长，而且每个隧道内部工艺都可以直接独立控制，为近年来欧洲国家在垃圾堆肥领域所普遍采用。

北京市南宫垃圾堆肥厂(图 40)采用的好氧式隧道堆肥系统，日处理可堆肥垃圾 600t。堆肥垃圾进厂后进行称重计量，布料机把垃圾送入 30 个主发酵隧道，每个发酵隧道的容量是 $200m^3$。垃圾经过 2 周的高温发酵后，垃圾体积可降解 30%～ 40%。传送系统把发酵的垃圾转送到后熟化区，再进行 3 周的熟化，经过筛分分成垃圾肥和残渣，残渣运到填埋场填埋，垃圾肥转入最终熟化区再进行 3 周的熟化，再经过一系列筛分制成直径为 0 ～ 12mm 的成品垃圾肥。

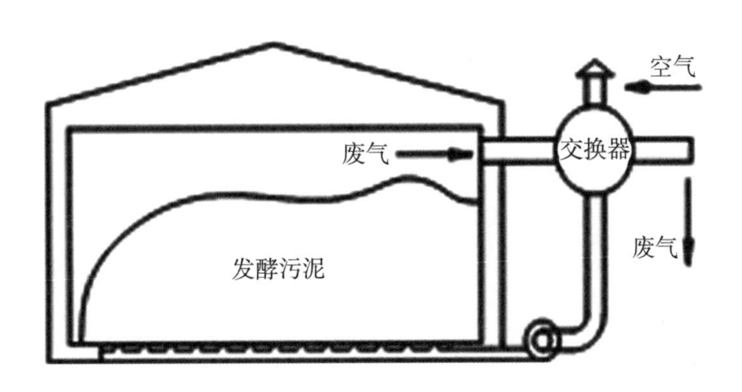

图40　隧道堆肥系统示意图及实景图

上述堆肥类型目前在世界各地均有应用，每一种系统都有各自的优缺点，应用哪种系统类型取决于特定的条件。也就是说，一种适宜的堆肥系统的选择永远是一个因地制宜的决策，没有一个系统适合于所有的环境条件。堆肥厂可以根据自己的物料、场地、生产规模、当地气候、环保政策、投资、产品质量等来选择最切合实际的堆肥类型。

五、堆肥产品质量标准

生物有机肥的使用需要满足《生物有机肥》（NY 884—2004）标准的规定。表3为生物有机肥产品技术要求：

表3　生物有机肥产品技术要求

项目	剂型	
	粉剂	颗粒
有效活菌数(cfu)（亿/g)≥	0.20	0.20
有机质(以干基计)（%)≥	25.0	25.0
含水率(%)	30.0	15.0
pH	5.5～8.5	5.5～8.5
粪大肠杆菌群数[个/g(mL)]≤	100	
蛔虫卵死亡率(%)≥	95	
有效期(月)≥	6	

按堆肥产品的最终用途也有相应的堆肥质量指导原则。表 4 中不同用途表明了堆肥的质量：用于盆栽基质的为较高级别，用于土壤改良剂的为较低级别。

表 4　以堆肥最终使用为基础的堆肥产品指导方针

特性	堆肥产品使用的指导原则			
	园林基质	园林营养土	有机肥	土壤改良剂
建议使用	作为一种生长介质，不需其他添加物	作为盆栽植物的部分生长基质，要求 pH 小于 7.2	主要用作地表底肥	改善农业土壤，恢复被破坏的土壤，要求 pH 小于 7.2 的景观植被的种植和维护
颜色	深棕色到黑色	深棕色到黑色	深棕色到黑色	深棕色到黑色
气味	应具生土气味	应没有令人不悦的气味	应没有令人不悦的气味	应没有令人不悦的气味
颗粒直径大小	小于 13mm	小于 13mm	小于 7mm	小于 13mm
pH	5.0 ~ 7.6	范围依要求定	范围依要求定	范围依要求定
可溶盐浓度（mS/cm）	小于 2.5	小于 6	小于 5	小于 20
杂质	玻璃、塑料等直径在 3 ~ 13cm 的杂质不超过总干重的 1%	玻璃、塑料等直径在 3 ~ 13cm 的杂质不超过总干重的 1%	玻璃、塑料等直径在 3 ~ 13cm 的杂质不超过总干重的 1%	玻璃、塑料等杂质不超过总干重的 5%
重金属	不超过国家标准	不超过国家标准	不超过国家标准	不超过国家标准
呼吸速率［mg/（kg·h）］	小于 200	小于 200	小于 200	小于 400

阅读材料

美国城市生活垃圾堆肥

城市生活垃圾堆肥曾是美国主要垃圾处理方式之一。但是由于堆肥质量、成本和市场等问题，美国在 20 世纪 80 ~ 90 年代就基本上关闭了所有的大型机械化垃圾处理厂。近年来，美国非常注重垃圾堆肥的应用，庭院垃圾堆肥和厨余垃圾堆肥等应用很广，而且成为废物资源循环再生的重要措施。

美国明尼苏达州韦扎塔市在亨滨县的财政资助下，发起了一次有机垃圾再利用活动，号召居民将有机物从垃圾中分拣出来，由市公共卫生局统一收集，送到堆肥厂进行堆肥。这项活动受到了广大市民的热烈欢迎。韦扎塔市共有 2 504 户家庭，参加这项活动的家庭比例高达 98%，平均每月收集有机垃圾 85t。

美国北卡罗来纳州桑德福市有人口 25 000 人，2003 年在州财政资金的支持下，建立了一座庭院垃圾堆肥厂，年产堆肥 7 500t。庭院垃圾经磨碎机磨碎后加入鸡粪以降低碳氮比，采用条形堆的方法堆放，活性堆肥时间的平均温度保持在大约 57℃，每天进行检测。经筛选后的堆肥要保持 6 个月，以保证最终产品的完全腐熟。产品检测报告包括北卡罗来纳州农业部门的堆肥检测数据以及粪便大肠杆菌检测报告单。堆肥的价格为 15 美元 /t，运输费用：市内 25 美元 / 车，市外 40 美元 / 车。

美国各州都建设了不同规模的有机垃圾和庭院垃圾堆肥厂，这里将重点介绍一些垃圾堆肥设施的建设与运营状况。据调查，美国威斯康星州废物再循环协会对自然资源部发放许可证的 205 家堆肥厂进行了一次调查，调查内容包括场地面积、垃圾进场倾倒费、堆肥原料、堆肥销售和堆肥使用情况等。结果显示在 205 家堆肥厂中，有 185 家在正常运营，5 家已关闭，4 家从未运营过，还有一家堆肥厂与邻近的堆肥厂合并，场地面积从 4 000m^2 到 168 000m^2 不等。垃圾倾倒费每吨 5 ~ 30 美元。堆肥主要原料为食品垃圾、庭院垃圾、湖草、宠物粪便和造纸厂废料。有 44 个堆肥厂出售散装堆肥，每吨价格 3 ~ 20 美元；2 家堆肥厂出售袋装堆肥，每袋 2 美元(25kg)；还有 144 家堆肥厂无偿赠送堆肥。有 41%的堆肥作为农场肥料使用，59%的堆肥在市政工程(修筑道路和填坑等)、公园和学校绿化上使用以及作为填埋场地的覆盖土。

美国明尼苏达州固体废物管理委员会为 4 个堆肥项目拨款 14.62 亿美元，以支持有机废物的回收处理项目。这 4 个有机废物堆肥项目分别是：韦扎塔市的 1 300 户家庭建立路边有机废物收集系统，并使用双层带分隔仓的分类垃圾收集车将其运到堆肥厂进行堆肥；为伯恩斯维尔市北河山新建住宅区的 960 户家庭建立路边有机废物收集系统。居民将有机物装入可堆肥的袋子，由废物处理公司通过路边收集系统运到堆肥厂进行堆肥处理。同时，分别在该区校园内的自助食堂、教室、浴室、实验室和图书馆等 33 座大楼设置有机废物收集容器；在查斯卡市建立垃圾分类收集系统，对在 2002 年年底举行的职业高尔夫球锦标赛上产生的食品垃圾及可回收利用垃圾也进行分类收集，然后运到垃圾堆放场进行堆肥处理；将全州的食品杂货商店建立统一的有机废物分类收集和运输系统。

美国华盛顿州金县政府目前正在组织全县居民参与厨余垃圾的路边分类收集活动。早在几年前，这个县就有 1 700 户居民开始了庭院垃圾路边分类收集。此种做法一直持续到现在。目前，县政府又在庭院垃圾路边分类收集的基础上，增加了厨余垃圾的分类收集以及纸盒、纸板类垃圾的分类回收。收集到的厨余垃圾将被送到县堆肥处理中心进行堆肥。

美国加利福尼亚州资源管理委员会所属的堆肥厂日处理庭院垃圾 550t。2002 年 1 月，又增设了一条混合有机物（包括食品垃圾和纸）分拣线，初期的处理能力为 50t/d，经过半年的试运转，处理能力达到 150t/d，到 2002 年年底达到了 400t/d。该堆肥厂使用本厂的专用车辆到居民区收集混合垃圾（不要求居民进行源头分类），垃圾中有许多可回收利用物，被运到堆肥厂进行分拣后进行堆肥处理。分拣线和破碎设备安装在面积为 15 000m^2 的垃圾卸料车间。破碎设备主要用于破碎庭院垃圾和筛上物。整个处理工艺为：首先使用电铲将大件垃圾去除，剩余的垃圾经传送带运到分拣线进行人工分拣。在这里将塑料、玻璃容器、纸板和其他可回收物及杂物分拣出去，再通过孔距为 7cm 的盘式筛进行筛分，筛上物送入破碎机进行破碎，变成直径小于 7cm 的物料，然后将其与筛下物及庭院垃圾碎屑一起混合后堆成条形堆，再进行为期 30d 的堆肥。在堆放期间，定期用翻堆机进行翻堆。30d 后，将其用装袋机装入通气的塑料袋中进行最后腐熟，形成最终的堆肥产品。对于垃圾中的塑料袋，则采用随垃圾一起破碎的方式，最后通过鼓风机去除。使用这条混合有机物分拣线，可分拣出大量的可回收物，这些可回收物中最有价值的是纸板。如果纸板没有经过浸湿变形，可卖出好价钱。

美国俄勒冈州波特兰市 2004 年 12 月进行了一项涉及全市居民家庭堆肥行为的调查。结果显示，有 52%独门独院的居民家庭参与了庭院垃圾堆肥，1996 年的统计数字为 36%，而家庭餐余垃圾堆肥从 1996 年的 26%上升到 2004 年的 48%。进行庭院垃圾堆肥的家庭使用了各种方法，如：堆成肥堆的占 35%，使用塑料桶堆肥的占 30%，作为护根覆盖土的占 25%，而庭院垃圾和厨余垃圾被埋掉的占10%。另外，就塑料桶的使用情况看，使用家庭自制垃圾桶的家庭占27%，从商店购买普通垃圾桶的家庭占56%，购买蠕虫堆肥垃圾桶的占17%。1994～2004，波特兰市共出售了9万多只堆肥垃圾桶。有91%的家庭愿意进行庭院垃圾堆肥。该州28%的家庭购买或经常购买堆肥产品，主要用于花园和草坪。

政府正在加大对堆肥产品使用的宣传力度和扩大堆肥产品的适用范围。

美国华盛顿州西雅图市从20世纪80年代就开始在全市范围内实行庭院垃圾堆肥，以减少垃圾的产生量，延长填埋场的使用寿命。该市为此还制定了管理条例，要求市民在投放垃圾时将庭院垃圾与其他垃圾分开。庭院垃圾的收集实行3套办法：一是居民将庭院垃圾送到路边的收集箱中，由市政收集后送到堆肥厂，居民每户每年缴纳24美元的收集费。二是居民自行将庭院垃圾送到堆肥厂，自送的不收费。三是居民在庭院内使用垃圾堆肥器自己进行堆肥。各个家庭可以选择上述方法中的任意一种，并向市政主管部门申报。对于希望在自家后院堆肥的住户，市里免费提供堆肥器，每个堆肥器只收4美元的送货费。居民还可以免费参加市里举办的垃圾堆肥器使用学习班。到1998年，该市已有39 100户得到了垃圾堆肥器，占总户数的25%。发出去的堆肥器已有70%得到了实际应用，垃圾的减量化效果明显。到2005年6月，西雅图市已向居民家庭发送了4.5万只容积为363L的带轮垃圾箱，用来收集食品废物、被食物污染的纸和庭院垃圾。这只是计划发送的9万只垃圾桶的一半，全部发送工作将在2005年年底完成，这项工作是西雅图废物回收再利用活动的一部分，这项活动的废物回收再利用率的目标要达到60%，目前已达到40%，20世纪90年代西雅图的废物回收再利用率为20%。该市居民生活垃圾中食品废物、庭院垃圾以及被污染纸张的成分占70%，这些有机垃圾都送到戚树谷附近的松林街堆肥厂进行堆肥。如果将西雅图的垃圾运到俄勒冈州阿林顿市的哥伦比亚山垃圾填埋场填埋，每吨垃圾的倾倒费用为50美元。西雅图市政府认为，这些垃圾资源作为堆肥原料，无论从环境可持续发展角度，还是从经济角度出发，都有重大意义。松树林堆肥厂将西雅图市的有机垃圾作为堆肥原料，每吨市政府付给该堆肥厂23美元。

美国韦扎塔市是最早为所有市民提供有机物路边收集服务的城市之一。居民每周一次将家中存放的有机垃圾（庭院垃圾和厨余垃圾）放在路边，然后由市公共卫生局将所收集到的有机垃圾送到市堆肥加工厂处理。堆肥厂日处理能力为100t。堆肥产品用于城市绿化和市政建设工程。同时，堆肥厂还将一部分堆肥进行精加工，作为花肥出售给市民。2003年，在市政府和全体市民的共同努力下，有机垃圾得到了有效利用，全市固体废物的产生量也比上一年降低了 8%。

美国也很重视垃圾堆肥的产品质量。1999 年 12 月美国环保局提出了用作农业肥料的生物固体垃圾所含毒性当量的限制标准，同时还规定加工生物固态垃圾作为农业肥料的机械设备也要具有毒性监测、记录和警告功能。早在 1993 年 2 月，美国环保局就对作为肥料的生物固态垃圾中的金属、致病菌和碳氢化合物制定了标准。美国环保局将对所提出的生活固态垃圾肥料毒性当量限度广泛征求意见后实施。

美国开展垃圾堆肥的方式是多种多样的，而以庭院垃圾堆肥发展较快，例如美国用堆肥制液态肥的研究已有几十年的历史，现已初见成效。这种液态肥被称为“堆肥茶”。其工艺为：首先将堆肥倒入容器内加水发酵，在发酵过程中加入营养物，发酵完成后进行过滤，最后加入表面活性剂、附着剂、紫外线抑制剂等添加剂。将“堆肥茶”喷洒在枝叶上可减少病虫害。“堆肥茶”内的微生物附着在枝叶表面后可防止寄生虫的侵入，经新陈代谢产生的二次生成物具有抑制病菌的作用。“堆肥茶”也可用于灌溉，有助于作物根茎的生长。美国有 7 家公司出售“堆肥茶”，大都采用厌氧工艺。动物粪便也可以制成“堆肥茶”，并与堆肥制成的“堆肥茶”具有同等肥效。

II 沼气化技术

一、沼气化技术

（一）工艺分类与设备

1. Kompogas 工艺

仍处于发展阶段的 Kompogas 工艺由瑞士 Kompogas AG 公司开发，在瑞士、日本很受重视，多应用到较大规模的工程。该工艺一般采用水平柱塞流反应器，圆柱反应器布置内部转轴来混匀物料并协助脱气。

2. Valorga 工艺

Valorga 工艺由法国公司开发，是动态过程中规模化最大的一种工艺，目前已相对成熟。该工艺采用竖直的圆柱体反应器，过圆柱体中心设 2/3 内墙，废物绕内墙迁移。该工艺采用渗滤液部分回流技术，通过鼓风设备循环生成的气体到反应器底部鼓泡，悬浮、混合物料，具有较好的经济与环境效应。通常要求待处理有机废弃物含固率 25%～35%，发酵历时 22 ～ 28d，每吨物料的生物产气量为 80 ～ 180m^3，发酵后的固体通常再进行 10 ～ 21d 好氧堆肥实现稳定化。

3. Dranco 工艺

该工艺由比利时公司开发，Dranco 工艺也被认为是一项较成熟的工艺。该工艺的主要单元是下端接锥体的竖直圆柱体反应器，待发酵物料和由锥体底部高倍回流的发酵产物在圆柱体顶部进入反应器，同时完成混合、接种，发酵过程中物料在重力作用下缓慢下行，属于静态反应器。要求进料的固体浓度在 15%～ 40%，负荷 10kg COD/（m^3·d），停留 15 ～ 30d，每吨物料的生物产气量为 100 ～ 200m^3。

4. Linde-KCA/BRV 工艺

BRV 工艺最早由瑞士一家环保公司研发并成功应用，由于该工艺技术先进、生态环保，具有较大的市场潜力，符合欧洲对有机垃圾处理日益严格的环保标准，后由德国 Linde 公司收购、整合，并经小试和中试研究加以完善从而确保其技术适用性。

Linde-KCA 工艺由 Linde 公司研发，包括一段式和两段式两种工艺。其中，用于固态厌氧发酵的 Linde-KCA 两段工艺流程与 BRV 基本一致，通常将微好氧预处理单独作为工艺的第一段，强化水解酸化，因而也减少了第二段的负荷，因此，第二段操作相对简化。BRV 工艺和 Linde-KCA 工艺均要求发酵反应器中的物质含固率在 25%～35%，非常适合日处理 300t 以下的中小型厌氧处理工程。

5. Biopercolat 工艺

发展于 20 世纪 90 年代的 Biopercolat 工艺是一个典型的干 - 湿两段固态发酵过程。经预处理的高固含基质 15kgVS/（m^3·d）首先进入液化 / 水解渗滤器中水解酸化，在渗滤器中，回流过程水使得水解酸化液连续渗透，以加速液化；之后 COD 高达 100g/L 的水解酸化液快速引入厌氧的柱塞流过滤器或密相床发酵器（如 UASB）进行甲烷化。第一阶段的好氧分离优化和第二阶段（厌氧发酵）的微生物吸附在支撑材料上强化生长使得基质在 1 周内完成所有的发酵过程，其中第二阶段停留时间可缩短至 2d 甚至更短，都远比一段发酵和液态两段发酵耗时短，故技术上非常具有创新性。另外，为了防止固态渗滤过程堵塞，渗滤过程在一个大的处于慢速旋转的筛鼓上完成；在甲烷化过滤器中，水平柱塞流采用脉动的方式，以防止支撑材料堵塞，提高基质与生物膜之间的传质过程，利于产气。作为唯一一个被商业化的两段固态发酵工艺，Biopercolat 工艺也存在明显的不足，主要是厌氧发酵阶段只处理液态组分，未渗透的固态部分被分离出去，残渣量较大，同时导致其气体产率稍低，相同基质时甲烷产量大致为其他工艺的 70%～80%。

6. Biocel 工艺

Biocel 工艺起源于 20 世纪 80 ～ 90 年代。研发早期的目标是发酵处理高含固城市固废，既能在简化原料处理、避免混合需要的同时取得较高负荷率和转化率。作为单段间歇式工艺，Biocel 工艺类似容器内的土地填埋，因循环渗滤液和较适宜的温度，转化率和产气量较土地填埋提高 50%～100%。Biocel 工艺已完成 $5m^3$ 规模的中试，用于深入研究其启动、加热和发酵液循环的效果。

7. Bekon 工艺

Bekon 工艺是一种以产沼气为目标的车库型固态发酵工艺，是德国 20 世纪 90 年代大力投资开发的新型间歇式固态发酵技术的典型代表，通过技术和装备中试后，于 2002 年生产出产业化装备，投入实际运行。该工艺接种和发酵方式与 Biocel 相同，使用安全性更高、反应器结构更紧促，可发酵固体含量高达 50%的农业废弃物。该工艺典型的突出优势在于自动控制程度高，如发酵温度和渗滤液的温度由反应器内置地热系统和渗滤液储存箱中的热交换器来自动调控，根据监控数据添加 pH 稳定剂和其他材料来优化过程。此外，过程本身及机械设备成本及运行费用较低；无须搅拌、泵输送，因而能耗低，一般不到自身产能的 10%；该工艺过程简单，对物料适应性强，水耗低，较适合水资源匮乏的地区。目前还没有更多实际工程运行数据的报道。

综上，尽管动态和静态两种反应器工程都广泛采用，且前者需要设备少，操作方便，但当前较大规模的发酵过程倾向于采用强化了传热和传质而效率更高、易实现流程控制、设备结构较紧凑的动态反应器，如 Kompogas（物料在转鼓内翻转、水平推移）和 Valorga（循环生成的气体悬浮、搅拌物料）等工艺；静态反应器不如动态反应器受重视的另外一个原因是通常需要特殊措施来强化发酵过程以提高效率，如 Dranco（物料从上部输入，缓慢向下）借助循环多倍于待处理物料的发酵腐熟产物来接种、混合物料。两段工艺可有效地避免酸化过程中有机酸累积对甲烷化细菌的抑制作用，缩短发酵时间、提高气体生成率和甲烷浓度，且便于水解酸化过程强化，反应器有机负荷率可显著提高，但工艺研发并不倾向于采用，特别是可工程化较大规模的工艺，如 Dranco 工艺、Kompogas 工艺和 Valorga 工艺全部采用单段操作模式，这是因为，两段工艺对控制技术要求过高，特别是规模化工程应用时大宗物料在装置间难以实现很好的转移。相对而言，更为重视发酵效率的 Linde-KCA/BRV 工艺才采用两段模式。由于间歇进料工艺失去对反应器内部发酵过程的控制，微生物生长环境随基质的降解发生变化，容易出现停滞期甚至严重酸化而导致过程失败，且基质水分过少时，物料加热难度较大，还可能出现很少或无渗滤液析出而抑制甲烷生产，产品气性质不均一、品质难以保证，所以工艺研发以连续进料方式为主。高温发酵和低温发酵划分的理论基础是存在嗜温（30 ～ 38℃）和嗜热（50 ～ 55℃）两类高效甲烷菌，中温过程启动快，系统稳定，但速度慢，产气率低；高温过程效率高，产气量稍大，但自身能耗需求大，运行复杂。工程上两种发酵温度都被采用，但中温发酵似乎过程更为普遍。

8. 序批式厌氧堆肥（SEBAC）

SEBAC 工艺发展于 20 世纪 90 年代，是一种针对市政固废有机组分（OFMSW）和其他高含固生物质废弃物甲烷化和堆肥处理的新颖工艺，其目的是在维持高转化率和系统稳定性的同时无须高含固基质混合和简化前处理。该工艺目前处于发展和商业化推进阶段。其系统特点是由 2 ～ 3 个间歇式反应器构成，并有渗滤液循环系统，不同于普通间歇式过程，渗滤液在不同反应器之间传输。渗滤液循环和序批式状态是 SEBAC 的两个重要的因素。尽管理论上这种交互物完成了物料的发酵过程和接种、营养供应、湿度及缓冲调节，但实际中降解动力学未被很好地理解，系统难以控制。

从小试和中试结果看，有机负荷过高时 SEBAC 过程启动困难，一般需要添加膨胀剂以防物料压缩并便于渗滤液穿过料层；即便启动顺利，通常也需要 50 ～ 60d 才能获得生物气，即使借助足够多的膨胀剂强化过程，产气量也只达到连续高温发酵过程的 80%～ 90%。此外，产气量受原料影响大，过程重复性差。但随着研究的深入和过程的改进，SEBAC 工艺效率逐渐得到提高，如 Warith 等提出含水率的增加和渗滤液与物料的良好接触对物料的稳定过程有积极作用。特别指出，改进的 SEBAC 过程可作为大型厌氧发酵工程的启动方式。

9. 组合式间歇上流厌氧污泥床（HB-UASB）

HB-UASB 属于典型的两段间歇式过程。每组反应器由一个水解酸化反应器和一个 UASB 构成，类似于第二阶段使用 UASB 的 Biopercolat 工艺，但第一阶段采用间歇式运行，可处理较高固体含量的基质。与 Biocel 单段过程相比，两段过程预期能进一步提高生物气的产率。目前还没有更详细的实验数据报道。

10. 定相固态厌氧发酵器（APS）

APS 工艺是一种一对多的两段序批式过程，第一段在多个高有机负荷水解酸化反应器中进行，第二段在唯一一个低负荷混合生物膜反应器中完成，因而避免了普通序批式过程使用滤床所带来的问题。物料被定向装载到第一个水解酸化反应器内，渗滤液逐级经过其他水解酸化反应器，这些水解酸化反应器内均接受由唯一的甲烷化反应器（即混合生物膜反应器）循环来的液体接种和促进水解，而水解酸化液分别进入甲烷化反应器进行生物气化——既可以处理含无机物较多的高含固物料、简化物料的前处理，又防止了固体对甲烷化反应器的污染。实验数据显示，APS 工艺能处理高木质纤维素含量的基质，如秸秆，可取得了 40%～60%的固体降解率和 0.4 ～ 0.5m^3/kgVS 的生物气产率。中试实验结果目前还未见报道。

二、影响因素

1. 基质可生化降解性及微生物营养

基质可生化降解性对沼气产量影响很大。数据显示，因废弃物组分差导致发酵过程产气量相差可达 65%，工业规模也达 40%。

改善基质营养、显著提高可生化性特别是调节基质碳氮比（C/N）的一个重要且有效的方式，是实施混合发酵通过两种或多种固态基质的混合，可实现基质营养成分的互补，同时中和、均化不良特别是有毒有害的组分，大大优化了微生物生长繁殖环境。一般认为，污水处理场的污泥、禽畜粪便等都是重要的混合发酵原料。此外，混合发酵在大中型固态厌氧发酵启动方面也具有独特优势——可显著增大微生物群落、大大缩短启动时间并优化发酵过程。

2. pH 及氧化还原电位

产甲烷菌对生存环境的要求远比水解酸化菌严格，因此单个反应器内的发酵条件由甲烷化阶段控制。产甲烷菌对 pH 非常敏感，尽管发酵过程存在一定的 pH 自我调控能力，即基质有机氮元素氨化生成的氨水可显著缓解水解酸化阶段所产有机酸的积累（且形成铵离子比自由氨对厌氧发酵过程的抑制作用小），但发酵过程中特别在后期通常需添加缓冲液调控 pH。若发酵环境中氧化还原电位值高，绝大多数产甲烷菌的正常生长和代谢活动将被抑制，造成发酵系统酸度增加，pH 显著降低，进而伤害菌群，如此恶性循环可导致系统失败。

3. 接种

理想的接种物应包含大块的固体物质和完成分解的、营养贫瘠的厌氧发酵底物，并且在厌氧发酵底物中须含有丰富的产甲烷细菌，且一般菌种添加比例不低于 20%，若能达到 30% 以上，则有利于发酵启动，提高产气速率和发酵早期沼气中甲烷含量。

4. 中间物抑制

固态发酵过程涉及多种微生物群落，需严格控制其生长环境，特别是具有抑制和毒害作用的成分。

氨的各种形态对固态发酵过程的影响一直是研究的重点之一。游离氨能缓冲酸化的环境，但浓度过高（如超过 1 700mg/L）对发酵过程的抑制作用十分明显。Sterling 等发现较高的游离氨浓度还影响到氢气的生成和挥发性固体的去除，降低生物气生成速率，减少气体总产量，而且游离氨浓度还决定了未驯化的厌氧发酵系统启动阶段的停滞期。Sawayama 等发现，铵离子也会导致甲烷化活性显著降低，当浓度达 6 000mg/L 时甚至完全阻碍甲烷的生成。游离氨和铵离子存在电离平衡，二者比例受 pH 影响，由于甲烷化阶段大量消耗有机酸，容易导致 pH 上升，自由氨浓度增大。缓解自由氨浓度激增通常通过添加缓冲液中水或加水稀释发酵液来实现，但最经济的做法是提高进料的 C/N。

水解酸化产生的挥发性脂肪酸（VFA）是评价水解酸化和产甲烷是否平衡的重要指标。VFA 产生速率比甲烷产生速率快，容易积累而抑制产甲烷过程。一般说来，VFA 浓度在 100 ～ 200mg/L 时即需严格监控，尤其对可溶性有机质含量高的基质，而浓度达 11 000 ～ 13 000mg/L 时厌氧发酵即完全停止。其中，乙酸是有机酸甲烷化过程最重要的中间产物，但其浓度过高同样对微生物生长起抑制作用；丁酸也有相似的作用。通常，产甲烷菌对乙酸和丁酸的承受浓度在 10 000mg/L 以上，但 Kim 等发现乙酸超过 5 000mg/L、丁酸超过 3 000mg/L 时就显现出对甲烷菌生长的抑制作用。主要由脂肪转化而来的丙酸毒性最强且难以转化为乙酸，浓度超过 1 000mg/L 即明显阻抑发酵过程。

适量的无机盐是微生物生长所必需的且可一定程度缓解铵离子的抑制作用，但含量过高会也抑制产甲烷菌的活性，如钠离子的浓度超过 5 000mg/L 的时候，甲烷产量逐渐降低。此外，含硫无机物（SO_4^{2-}、SO_3^{2-}）过多时，脱硫弧菌与甲烷细菌形成对基质的竞争，且产生硫化氢毒害整个发酵系统。

5. 传质传热与过程强化

固态发酵过程中，待传递的营养物质、酶、微生物和产物等之间相对不动，存在温度梯度和物质浓度梯度，不仅会影响到菌体的生长和代谢，也影响反应器的性能以及设计要求。

水在固态发酵过程中通常发挥着特殊的桥梁和介质的作用，固态物质和气态物质都要溶解于水才能利用。水分本身在不断地被消耗和产生，并在反应器的固态和气态之间进行传递。固态发酵反应器的控制系统最关键的就是控制温度和底物的水含量，以保证菌种最佳生长条件和产物的形成。气体的扩散（水解酸化时生成的氢气、二氧化碳等向物料层外扩散、同型乙酸化 / 氢甲烷化时氢气、二氧化碳向菌体扩散）速率是由物料层的传质特性决定的，菌体在固体颗粒表面的生长过程中改变了物料层的多孔性，使物料层发生了收缩，影响气体的扩散速率。一般认为，气体传质限速步骤是从气—液界面进入到湿菌体层后在水膜中扩散，水膜的厚度和气—液界面面积是固态发酵气体传递的关键参数。

传热与传质不可分割，一方面微生物需要适宜的生长温度；另一方面伴随微生物生长，会产生大量的热，由于固态发酵传热效率差，通常会导致温度急剧上升乃至真菌死亡。如果产生的热不能及时散去，温度也会影响孢子的发芽、生长和产物产率。传热困难使发酵体系很难维持在最佳温度，这是固态发酵反应器设计与放大的关键和难点。

最常见的传热和传质强化方法是搅拌。充分搅拌可使物料、微生物群落混合均匀，避免局部酸化，使物料与微生物接触良好，并有利于沼气逸出，进而加快底物分解；但由于厌氧微生物代谢较慢，搅拌过于强烈则会影响微生物的生长和絮凝作用，降低发酵能力。通常，由于基质发酵环境变化较大，小实验过程中搅拌的影响对规模化过程的参考意义不大，因此，在实际应用中通常需要借助较好的控制技术来实现最优的搅拌效果。Vavilin 和 Amelers 试验研究常温发酵中搅拌强度对发酵过程的影响时发现，当有效负荷偏高时搅拌强度加大会导致反应器运行失败，低强度搅拌是发酵过程顺利完成的关键。因此，一个连续运转的发酵反应器在启动阶段应逐步增大有机负荷，以保障系统正常启动。一般来说，当产甲烷阶段是限制性反应时高强度搅拌并不合适，因为产甲烷菌在这种快速水解酸化的环境中很难适应；如果水解阶段为限制性反应，此时反应器内底物浓度较大，高强度搅拌对水解起促进作用。工程上，更需要综合考虑搅拌所带来的积极和消极影响，才能确定最优的搅拌方式和强度。此外，优化反应器设计和添加内构件可强化反应过程，如借助气体回流（如 Valorga 工艺）解决反应器中存在的气体和热量梯度问题，可有效地提高气体传递效率；对于填充床式固态发酵反应器，在反应器内部添置隔板使气体回流，可增加气体的停留时间进而达到提高气体传质效率的目的。此外，通过加入气体载体、调节水分含量等也可实现对气体透过液膜的传递强化。

阅读材料

国内外畜禽粪便沼气技术研究现状

一、国外研究现状

1. 德国研究现状

德国第一个消化畜禽粪便的沼气场在 20 世纪 80 年代中期建成，在 1992 年有 139 个消化畜禽粪便的沼气场，20 世纪 90 年代，由于政策的促进和经验的积累，2002 年末已有大约 2 000 个消化畜禽粪便的沼气场，2009 年，增加到 4 780 个，多数的沼气设备用粪便和附加的有机残留物（共同发酵）作为给料。

（1）消化器的主要类型　像大多数发达国家一样，德国的养殖场有各种规格。在德国南部，在巴伐利亚州和巴符州，有 100 头牛或 500 头猪甚至更小的养殖场很普遍。在德国北部，养殖场的规模往往比较大，有几百头牛或超过 1 000 头猪是很正常的。在德国东部，有非常大的、集约化的养殖场，这些养殖场是第二次世界大战后发展起来的，很多有几千头牛或有好几万头猪。结果，在德国与养殖场配套的沼气工程每年拥有的粪便输入量在 1 000 ~ 70 000m^3。输入量不同需要不同的特定的消化器技术（在原理上所有养殖规模的沼气场是相同的），比如东德主要建设大规模的沼气场，西德主要建设自由地与养殖规模配套的沼气场。其消化器主要有 3 种类型。

1）水平消化器　此类型消化器适合处理奶牛场和家禽的粪便，用于建造最小的沼气场。在法国南部几百个小型养殖规模的沼气工程采用该消化器建造。该消化器由钢铁制造，体积为 50 ~ 150m^3，直径为 320 ~ 350m，最后的装配在现场进行。

2）标准消化器　该消化器是直立的。德国大多数的沼气场是应用这种类型的消化器建设的中等养殖规模的沼气工程，此类型的工程已经建设了 1 000 多个，适合输入各种流速足够低的基质，处理量可达 10 000m^3/ 年。该消化器用混凝土现场浇铸，体积为 300 ~ 1 500m^3，高度为 5 ~ 6m，直径为 10 ~ 20m。

3）竖直大消化器　该消化器配备有外部热交换器和中心搅拌器，用来处理超过 30 000m^3/ 年的输入基质。它由包着钢板的玻璃制成（有时是混凝土的），体积为 1 000 ~ 5 000m^3，高度为 15 ~ 18m，直径为 10 ~ 18m，处理能力可达每个单元 90 000m^3/ 年。有几十个沼气工程用此类型消化器建设。

（2）气体的利用　在德国，一个标准养殖规模的沼气工程会有一个发动机用沼气来发电和烧水。对于较大养殖规模的沼气工程，纯气体发动机是标准解决方案，电能的效率超过 34%；对于较小型规模的沼气工程，农民用双燃料发动机（90%的沼气加 10%的柴油）发电来挣钱，电效率为 33% ~ 37%。

（3）德国的消化趋势　各种养殖规模的沼气工程存在很大的区别。除了消化器类型、发动机、储气柜和固体输入装置等方面不同外，在自动化程度、混合程序、热量输入、进料速率和过程温度等的技术解决方案上也有很大差别。

为了提高产气量，德国的牧场主根据各地情况添加越来越多的专门为沼气场种植的农业输入基质。这些基质（包括玉米、甜菜、青草、谷物等特定作为能源生长的农作物）的消化变得日益重要。能使牧场主直接加入固体进消化器的专门的固体输入设备正在开发中。

2. 美国研究现状

在美国加州，每一牧场建有一座发酵池，以牛粪为主要原料生产沼气，每天可处理 1 640t 粪便，提供 113 000m^3 的甲烷，足够 1 000 户居民使用。在新墨西哥州立大学（NMSU）的校园建设了适用于气候干旱，粪便含盐量高情况的两相厌氧发酵系统试点工程。该系统由两种不同的反应堆组成：一个固相反应堆和两个上流厌氧过滤反应堆（UAF）。固相反应堆由一个容积 8m^3 的金属容器组成。

UAF 反应堆有两个 PVC 柱，每个柱的容积为 $0.4m^3$。UAF 反应器填充塑料包装材料，用产甲烷菌接种。

3. 丹麦研究现状

丹麦主要发展由丹麦能源部发起的集中沼气场，20 世纪 80 年代早期第一个沼气场建成。该设备利用动物粪便和有机废物生产沼气和肥料。粪便从供应新鲜粪便的一些养殖场运来。给料由 70% ~ 90%的畜禽粪便和 10% ~ 30%来自屠宰场或食品工业的纯有机残余物组成。一些沼气场也添加一些从家庭有机物分离的生物固体或资源。每天进料量为 50 ~ 500t。沼气场建在能确保能量生产可以高效率利用的地方，如热量用在城镇和村庄的地区供热。沼气场的环境和农业收益包括为养殖场主省钱、提高肥效、减少温室气体排放以及便宜的、对环境健康的废物循环。与单个养殖场沼气工程相比，集中的沼气场的主要的缺点是粪便运输的费用高。

大多数沼气场与畜牧场主以合作公司的形式组织，畜牧场主作为股东和业主送粪便给沼气工程。公司的董事会负责管理工程和雇用必需的职员。而且，董事会负责所有的关于工程建设经济和法律合同、给料供应、流出肥料的分配、能源的销售和财务等。丹麦的畜牧主从协作的管理中长时间收益，许多沼气场通过合作社凑集资金。

1990 年进入运行的 Ribe 沼气场，每天处理 400t 来自西日德兰半岛农业部门的牲畜粪便、来自屠宰场的屠宰残留物和其他的来自工业的有机物，在 50 ~ 55℃消化 12 ~ 14d，给超过 500 个家庭供热和供电。该设备自动化程度很高，有一个单据伴随着处理的液体，该单据详细说明了干物质的百分含量、全氮、氨态氮、全磷和全钾。沼液通过拖管分配给牧场或早期生长的草。

二、国内研究现状

厌氧生物技术既可直接处理高浓度有机废物，又可回收沼气能源，不但可以削减大部分污染负荷，有利于后续处理，而且可以去除大部分病原微生物和寄生虫卵，减少疾病传播的风险，并可对于粪污还田利用，因此，是一种可持续的处理方法，很适合高浓度猪场粪污的前处理。大多数规模化猪场粪污处理涉及厌氧发酵沼气池。

沼气工程是畜禽粪便资源化和环境净化的关键性工程，是整个畜禽养殖场进入良性循环的重要枢纽。至 2000 年，全国大中型沼气工程已有 1 000 多处，用于乙醇、发酵、禽畜养殖等近 20 个行业的废水处理，其中处理禽畜粪便的有 600 多处，总池容积达 $1.5 \times 10^6 m^3$，最大池容积 $1.1 \times 10^4 m^3$。

长沙天华养殖场沼气工程采用的是立式厌氧消化罐，容积 1 000m^3，冬季池容积产气率 0.4m^3/（m^3 · d），夏季 0.9m^3/（m^3 · d），1994 年 6 月建成投产，工程总投资为 154.27 万元，年产沼气 15.28 万 m^3，年工程运行费 6.57 万元，设备维修费等 4.64 万元，固定资产折旧费 9.42 万元。

杭州西子养殖场沼气工程采用“固液分离、厌氧消化、好氧处理和生物净化”的工艺流程，在上流式厌氧罐中采用 20 ~ 30℃近中温发酵，滞留期 5d，COD_{Cr} 去除率 85%，冬春季用蒸汽加温。达到《畜禽饲养场废弃物排放标准》一级排放水标准。总投资为 281 545 万元，平均日产沼气 500m^3，运行成本 21.59 万元/年。从财务的角度来看，该工程效益比较差，在考虑减息的条件下，净现值仍然为负，内部收益率≤ 10%。

III 基质化技术

一、培养菌类

利用粪便培养菌类，在国内已广为报道。一方面解决了粪便的出路问题，实现废物资源化利用；另一方面，作为菌类培养的原料，粪便价格便宜，来源广泛。

（一）培养方法

菌类培养料主要是由家畜、家禽粪便和麦草、稻草等配制而成。7 月上中旬开始堆制，粪草比例一般为 7∶3 或 6∶4。稻草类要先晒干切断，粪便要晒干粉碎。其他配料为少量的石膏粉、过磷酸钙等。培养料用清水或尿液浸湿，一层草一层粪堆好，然后可覆盖草帘保温保湿。建堆 3 ～ 4d 后可第一次翻堆，水分不够可加水增温。7 ～ 8d 以后第二次翻堆，每 100m^2 培养料中加入 1.5kg 石膏粉。11 ～ 12d 后可第三次翻堆，100m^2 培养料中加入 150g 过磷酸钙。堆制后约 13d，即完成前发酵。趁热将料搬进菇房，在菇床架上摊开，密闭房内窗户，迅速将室温提高到 60℃左右，保持 2 ～ 3h，而后可降低到 52℃左右，保持 4 ～ 7d。室内加温可用煤炉或蒸汽管道，并维持室内一定湿度，这就是后发酵。后发酵是蘑菇培养中的一项新技术，有杀虫灭杂菌的效果。并使培养料中产生大量有益微生物，氨味完全排除。由于嗜热性微生物的活动，大大地改善了培养料的质地，蘑菇可吸收利用的营养物质增加了。

（二）培养条件

遮阳，不通风；温度要在 20 ～ 25℃，不超过 28℃，超过 28℃对菌丝生长有影响；相对湿度 60%～ 70%，一般 7d 喷 1 次消毒水；pH 要求 7.5 ～ 7.8。

（三）注意事项

培养料的配制过程中很重要的一点就是使碳氮比保持在（30 ～ 33）∶1，氮素含量过高，容易造成菌丝徒长，产生较多氨气，而难以结菇；碳素含量过高而氮素含量过低，则会影响堆料的温度与产量。堆料时间应掌握在 15 ～ 18d，不宜过短，否则易产生氨气或培养料过剩。

阅读材料

由四川农业大学、四川省农业科学院土壤肥料研究所和四川金地菌类有限责任公司组成的课题组研发了以畜禽粪便为主要原料的蘑菇种植专用基料技术和利用畜禽粪便种植蘑菇的高效栽培技术模式。

1. 以畜禽粪便为主要原料的蘑菇种植专用基料技术

将畜禽粪便收集后，用滚筒式烘干机烘干或堆肥腐熟后再烘干，在烘干过程中杀灭虫卵和杂菌。根据双孢蘑菇堆料所要求的 C/N 增加适量氮素，根据双孢蘑菇营养需求添加适量硼、镁、锌、钙等微量元素，并添加适量自主研发的有机物料腐熟菌剂，混匀后制备成蘑菇专用基料，获授权发明专利 1 件（ZL200510021338.6）。解决了规模化养殖场粪便资源化利用问题，同时也解决了双孢蘑菇生产中购买和使用辅料成本高、费工费时、配制比例不科学不规范的问题。

2. 利用畜禽粪便种植蘑菇的高效栽培技术模式

结合应用以畜禽粪便为原料的蘑菇专用基料技术，通过双孢蘑菇高产优质配方研制、新品种的引进筛选、堆料二次发酵技术和田间管理技术的优化创新，形成了完善的双孢蘑菇粪草高效栽培技术体系。与传统栽培技术比较，堆料时间缩短 5 ~ 7d，节约成本 15%以上，增产 9.9% ~ 13.7%，蘑菇品质显著提高，并且具有省时、省工、简便的优点。

二、饲养蝇蛆

（一）培养方法

1. 种蝇饲养

种蝇饲养包括蝇种羽化管理、产卵蝇饲养、蛆种收获与定量、种蝇更新制种等工序。种蝇饲养工艺流程见图 41。

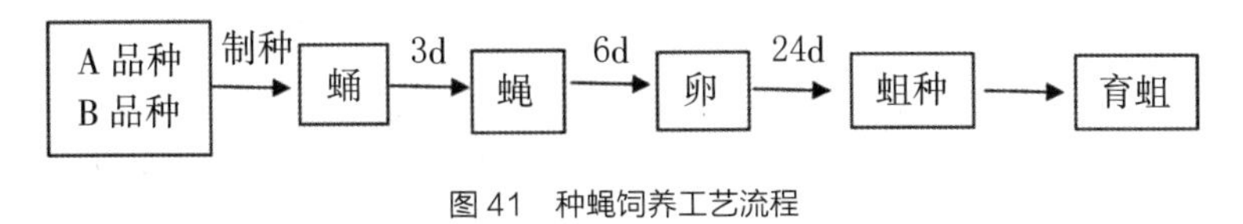

图 41　种蝇饲养工艺流程

2. 育蛆生产

育蛆生产包括配料、投放蛆种、蛆虫培养、鲜蛆分离收集和包装等工序。育蛆生产工艺流程见图 42。

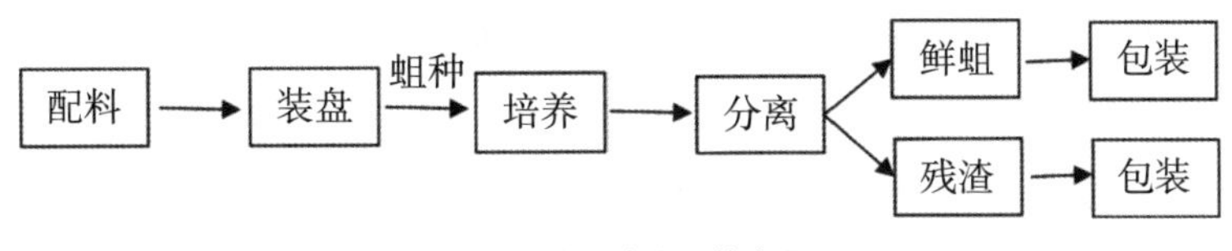

图 42　育蛆生产工艺流程

收集后的蝇蛆可进一步做深度加工，见图 43。

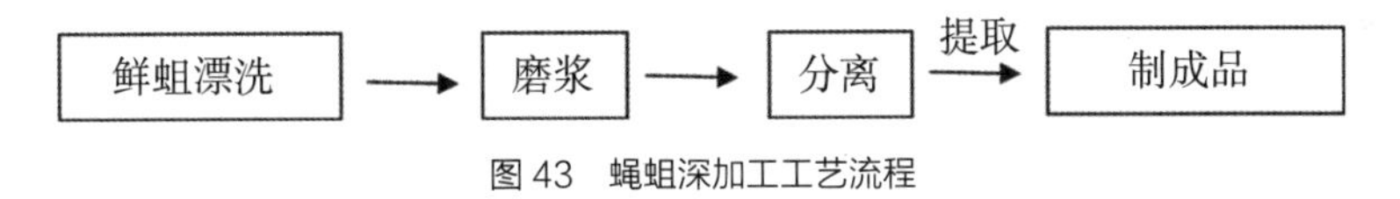

图 43　蝇蛆深加工工艺流程

（二）培养条件

1. 温度

温度直接影响家蝇的存活、生长发育和生命活动。实际生产中，把蝇蛆的饲养温度控制在 25 ～ 30℃比较适宜，低于 22℃蝇蛆生长周期延长，高于 40℃蝇蛆会从培养基中爬出，寻找阴凉适温处。在 20 ～ 30℃的适温下蝇蛆寿命最长，可达 50 ～ 60d。在 30℃时蝇蛆最为活跃，30℃以上则静息在阴凉处；若温度超过 35℃，蝇蛆骚动不安，39℃时不能产卵，45℃以上为致死温度。

2. 湿度

苍蝇卵、幼虫和蛹的生长发育要求培养基质潮湿而又不淹水，含水量 60%～ 70%最为适宜。研究表明，基质含水量为 60%时，蝇蛆卵期最短，为 18h，孵化率最高；幼虫生存的最佳基质含水量为 60%～ 70%；蛹期的发育对湿度要求较低，以 40%～ 50%的相对湿度较为适宜。蝇蛆离开水很难存活，苍蝇期以空气相对湿度50%～80%为宜，羽化1h后开始饮水和取食。

3. pH

要求pH在6.5～7.0，过酸可用石灰调节，过碱可用稀盐酸调节。

（三）注意事项

培养室应经过严格消毒，保证蝇蛆成活率；采用必要的密闭措施，以保证操作时无苍蝇外逃现象发生；采用必要的除臭，确保对环境基本无不良影响。

案例分析

蝇蛆处理畜禽粪便速度快、除臭彻底，日本菲尔得公司利用蝇蛆处理畜禽粪便，5d可处理完毕，除臭效果好，是传统发酵处理效率的60倍，且不会造成二次污染，见表5。

表5 不同处理方法处理粪便的能力

项目	一次投料量(t)	设备能力(t)	处理周期(d)	年处理次数(次)	年处理能力(t)
一般发酵式	20	20	60	6	120
蝇蛆生物工程	20	120	6	60	7 200

三、饲养蚯蚓

（一）培养方法

蚯蚓养殖床建立在地势平坦、土质松软、无大土地、能灌溉能排水的地方。首先将地面平整，将发酵好的基料均匀地铺在地上，铺设厚度为10cm左右，宽度为1.0m左右。将粪便堆成长2m、宽1m、高(厚度)35cm的粪堆。每天用铁耙把最上面的粪便疏松，晒到五成干的粪便的厚度为5～8cm，约晒到五成干时即可放入蚯蚓种。铺好后将蚯蚓种均匀地撒在基料上，蚯蚓要撒均匀，一般每平方米可以投放0.25～0.40kg，夏季密度可以小些，冬季密度大些。铺好蚯蚓后，在蚯蚓上面再铺上一层基料，基料上面覆盖一层稻草，达到保温保湿的目的。铺好后在基料上浇上适量的水，一天后进行检查。如果出现蚯蚓逃跑、萎缩、死亡、肿胀，要查明原因，如果是基料没有发酵好，应重新发酵

（最好在建立养殖床前用基料做预备试验）。养殖床之间要有 1m 左右的空隙，以便加料和管理。

蚯蚓的世代间隔为 60d 左右，蚯蚓有祖孙不同堂的习性，所以在养殖过程中要及时采收，如果不及时采收就会外逃。大小混养还会出现近亲交配，使蚯蚓种衰退。当每平方米达到 1.5 万～2 万条，大部分蚯蚓体重为 400～500mg 时，采收成蚯蚓。夏季每个月采收 1 次，春、秋、冬季每 3 个月采收 2 次，采收后及时补料和浇水，通常 1 个月加料 1 次。通常采用诱集法采收蚯蚓，主要是利用蚯蚓的避光性进行采集。采收 24h 前灌足水，不可以过干或过湿。先在养殖床旁边铺 1m 左右宽的薄膜，将要采集的蚯蚓和基料堆积在薄膜上；用多齿耙疏松表面，根据蚯蚓的避光性，蚯蚓就会往下钻，上层基料基本上没有蚯蚓；然后将上层基料耙去，随后蚯蚓还会因为避光性再次往下钻；再次去除上层的基料，以此类推，反复进行。当去除完基料后，塑料薄膜上剩下的就是蚯蚓。由于基料上还有剩余的蚯蚓，所以还要把基料重新浇到养殖床上，以便剩下的蚯蚓繁殖出小蚯蚓后下次继续采收。采收完毕后对蚯蚓进行称重装箱，如果不马上运输的话要放到冷库中保存，以免腐烂，冷库温度控制在 -20℃左右。

（二）培养条件

1. 温度

蚯蚓活动温度在 5～30℃，0～5℃进入休眠状态，0℃以下、40℃以上死亡，32℃以上停止生长，15～25℃是最适合生长及繁殖的温度。

2. 湿度

蚯蚓的生长发育湿度在 60%～70%，孵化期湿度以 56%～66%为宜。为了确保蚯蚓正常生长，特别是夏季，每天至少要浇一遍水，水不能受污染，水流量不宜太大，一定要浇透，使上下层料接上，最好选择温度较低的早上或晚上浇。

3. 酸碱度（pH）

蚯蚓的生长繁殖与 pH 有密切关系，生长环境和基料的 pH 在 6～8，最适宜为 7，超过这个范围蚯蚓会出现脱水变干、萎缩、反应迟钝、逃逸等现象。

4. 光照

最适宜的光照度为 32～65lx。

5. 通气

通常蚯蚓对原料中二氧化碳浓度耐受极限在 0.01%～11.5%，氨气浓度超过 17 μL/L、硫化氢浓度超过 20 μL/L、甲烷浓度超过 15 μL/L 时，会造成蚯蚓死亡。

6. 基料和饲料

基料是蚯蚓栖息的物质材料，同时又是蚯蚓的食物来源，养殖成功与否，基料的好坏起着决定性作用。以腐烂的有机物为食，凡是无毒、酸碱度适合、盐度不过高、能在微生物作用下分解的有机物都可以作为蚯蚓利用的原料。以猪粪、稻草或瓜果混合为基料，基料要求密度小、压力小、含水量高、保水性好、透气性强，以适应蚯蚓的生长需求。

7. 生长密度

2 万～3 万条 /m^2。

（三）注意事项

蚯蚓“六喜”是指喜阴暗、喜潮湿、喜安静、喜温暖、喜甜酸和喜同代同居。蚯蚓“六怕”：怕光、怕震动、怕水浸泡、怕闷气、怕农药及怕酸碱。温度对蚯蚓的生长很有影响，冬季可采用保温升温的方法。

案例分析

利用蚯蚓处理畜禽粪便等有机废弃物（包括生活垃圾）是废弃物资源化的有效途径，也是环保产业的一个新热点。一些畜禽养殖场的排泄物没有得到很好利用，不仅浪费了废弃物中的营养物质，而且严重污染了环境。蚯蚓喜食的是这些有机废弃物，生产的是优质蛋白和优质有机肥料。有鉴于此，世界上已有不少国家正在利用蚯蚓加工有机废弃物，既把废弃物作为“资源”利用，又为防治污染开辟了新途径。

在哥伦比亚于 20 世纪 70 年代开始养殖蚯蚓，先在大农场中，后来发展到中小农场。农场主们认识到让蚯蚓处理本场的有机废弃物，进行物质循环，发展生态农业，无论从经济还是从社会和生态的角度来看都是有利的。

阅读材料

蚯蚓及蚯蚓粪的奥妙

蚯蚓是一种软体多汁、蛋白质含量达 70%的软体动物。俗称地龙、曲蟮，中医名字：地龙。蚯蚓为常见的一种陆生环节动物，生活在土壤中，昼伏夜出，以腐败有机物为食，连泥土一同吞入。也摄食植物的茎叶等碎片。蚯蚓可使土壤疏松、改良土壤、提高肥力，促进农业增产。世界的蚯蚓有 2 500 多种，中国已记录 229 种。蚯蚓属于环节动物门寡毛纲，可以分为陆生的和水生的两种类型。大多数的种类属于陆生蚯蚓，体形较大，主要分布于土壤表层；俗称红虫的水生丝蚯蚓，主要分布在各种淡水水域，一般体形较小，以水中的有机物质为食物来源；寡毛类也有极少数为海产性的。环节动物，顾名思义，就是身体呈环状分节，一般而言，蚯蚓的分节多在 80 节以上。外观上除了分节之外，成熟的蚯蚓在靠近头部的地方，有体节会愈合成环带。以环毛蚓为例，环带上有雌孔，是蚯蚓排出卵子的地方。在环带的后方则有两个雄孔，是蚯蚓排出精子的地方；雄孔四周常有乳头状突起，称为乳突，雄孔与乳突是分辨蚯蚓种类的重要依据。然而，大多数的蚯蚓仅由外观是无法判定其种类的，需要解剖，以其内部构造如受精囊、前列腺及肠盲囊等的数量、大小、形状与位置来鉴定其种类。蚯蚓是雌雄同体、异体受精。

它以土壤中的有机物与植物的嫩茎叶为食，在进食大量的土壤后排出的土壤称为粪土，常堆积于地表洞口或洞穴中；当蚯蚓数量多、活动频繁时，土壤因被翻动而松弛，有利于植物生长。蚯蚓喜食腐质的有机废弃物，有机废弃物通过蚯蚓的消化系统在蚯蚓肠道中的蛋白酶、脂肪分解酶、纤维酶、淀粉酶的作用下转化成为自身或其他生物易于利用的活性物质，同时产生蚯蚓蛋白和氨基酸对环境不产生二次污染。

蚯蚓粪是一种黑色、均一、有自然泥土清香的细碎类物质，具有良好的持久肥力、通气性、排水性和保水性。养分全面，是各类花卉最理想的肥料。具有单一使用、不烧根的特点。

1. 蚯蚓粪富含极易被植物吸收的各类养分，肥力充足持久

蚯蚓粪不仅含有氮、磷、锌等各类元素，而且含有铁、锰、锌、铜、镁等多种微量元素和 18 种氨基酸，有机质含量和腐殖质含量可达 30%左右。

2. 蚯蚓粪中含有大量的有益微生物、氨基酸

蚯蚓粪每克含微生物有益菌群数约 1 亿，更可贵的是含有拮抗微生物和未知的植物生长素。通过有益微生物和蚯蚓的生命活动，产生了生长素、细胞分裂素、赤霉素、吲哚酸等植物激素，促进植物生长，调控植物代谢；还会产生大量多糖，与植物分泌的黏液及矿物胶体、有机胶体相结合，形成团粒结构，增进保水能力。其中的有益微生物还能产生拮抗活性强、抗菌谱广的抗生素，限制病原菌的生长，使植物土传病害得到抑制。

3. 唯一的天然团粒、吸附性结构肥料

随着无公害农业和绿色食品市场的日益扩大，有机肥成了生产无公害农业和绿色食品不可替代的肥料。而蚯蚓粪作为一种高效有机肥料，它的最大特点是将有机物、微生物、生长因子合理结合起来，改善土壤环境最终达到增肥、抗病、养土的目的。据了解，蚯蚓粪的颗粒均匀、无味卫生、保水透气能力比一般土壤高 3 倍。其中包含 18 种氨基酸，含有机质 42.2%，有益菌达每克 20 万 ~ 2 亿个。对于蚯蚓粪作为肥料的特点和施用后的效果，改良土壤减少化肥用量，土壤有机质是保持土壤良好物理性状的必要条件，又是植物营养的重要来源，土壤有机质的含量是衡量土壤肥力高低的重要标志。而蚯蚓粪有机肥，有机质含量 40% 左右，经过 2 次发酵和 2 次动物消化，所形成的有机质易被植物吸收。据悉，这种蚯蚓粪有机肥可促进土壤团粒结构的形成，提高土壤通透性、保水性、保肥力，利于微生物的繁殖和增加，使土壤吸收养分和储存养分的能力增强；经蚯蚓消化后的有机质颗粒细小，表面面积比消化前提高 100 倍以上，能提供更多的机会让土壤与空气接触，从根本上解决土壤板结问题。使用蚯蚓烘可提高作物抗病能力。农业专家指出，由于长期单施化肥和大量用农药，使土壤中的有机质含量和微生物含量逐年下降，致使农作物的土传病增加。蚯蚓粪有机肥中含有大量的微生物，更可贵的是含有至少两种以上拮抗微生物。这些大量有益微生物施入土壤后，可迅速抑制有害菌的繁殖，有益菌得以繁殖扩大，减少土传病害的发生，使农作物不易生病。使用蚯蚓烘可改善作物品质恢复自然风味。蚯蚓粪有机肥同时具有生物肥、生物有机肥、有机肥、氨基酸肥、腐殖酸肥、菌肥、微肥的特点，但又不是这些肥料的简单组合，而是蚯蚓亿万年进化过程中逐渐形成的最适合植物生长的组合。经在我国部分地区的大田和经济作物实验表明，蚯蚓粪在提高作物品质，合理增加作物蛋白质、氨基酸、维生素和含糖量、恢复作物的自然风味等方面效果突出。

专题三
液态废物的处理与利用技术

专题提示

畜禽养殖液态废物的处理技术主要包括厌氧生物处理、好氧生物处理、自然生物处理技术等方法。厌氧生物处理法主要是以提高污泥浓度和改善废水与污泥混合效果为基础的一系列高负荷反应器的发展来处理液态废弃物。好氧生物处理法是利用微生物在好氧条件下分解有机物，同时合成自身细胞（活性污泥），可生物降解的有机物最终可被完全氧化为简单的无机物。自然处理法是利用大自然（天然水体、土壤等）对污水进行自我净化的原理来发挥作用。

I 厌氧生物处理技术

一、厌氧生物处理工艺

（一）CSTR工艺

1. 工艺特点

完全混合式厌氧反应池指在污水处理反应池内安装搅拌装置，使高悬浮物高浓度有机废水和厌氧微生物处于完全混合状态，以降解废水中有机污染物，并去除悬浮物的厌氧废水生物处理装置。无污泥回流的完全混合式厌氧反应池废水处理工艺指高悬浮物高浓度有机废水经格栅及初沉池等预处理，再经完全混合式厌氧反应池处理，出水进入脱气器及沉淀池等后续处理，无污泥回流至完全混合式厌氧反应池的工艺。有污泥回流的完全混合式厌氧反应池废水处理工艺指高悬浮物高浓度有机废水经格栅及初沉池等预处理，再经完全混合式厌氧反应池处理，出水进入脱气器及沉淀池等后续处理，后续处理沉淀池中沉淀污泥部分回流至完全混合式厌氧反应池，以增加其中生物量的工艺。

2. 工艺流程

采用无污泥回流的完全混合式厌氧反应池废水处理工艺宜采用图 44 所示的工艺流程。

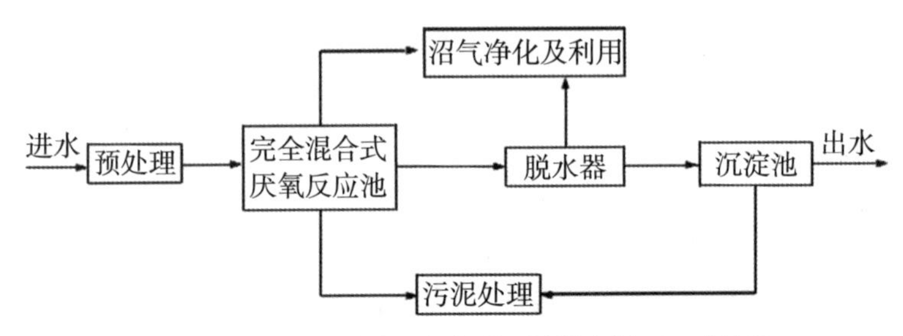

图 44　无污泥回流的完全混合式厌氧反应池废水处理工艺流程

采用有污泥回流的完全混合式厌氧反应池废水处理工艺宜采用图 45 所示的工艺流程。

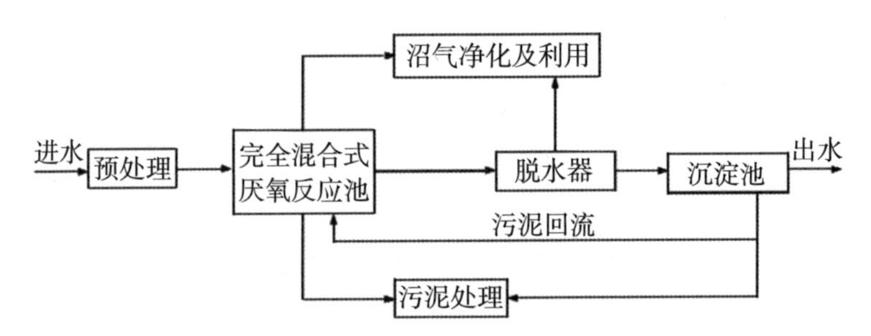

图 45　有污泥回流的完全混合式厌氧反应池废水处理工艺流程

3. 适用范围

完全混合式厌氧反应池工艺适用于高悬浮物高浓度有机废水处理工程。

完全混合式厌氧反应池进水水质应符合下列条件：pH 为 6.5 ～ 7.5；常温厌氧反应温度为 25 ～ 30℃，中温厌氧反应温度为 35 ～ 40℃，高温厌氧反应温度为 45 ～ 55℃；营养组合比（COD_{Cr} ∶ NH_3—N ∶ P）为（100 ～ 500）∶5∶1；BOD_5/COD_{Cr} 的比值大于 0.3；进水中氨氮浓度小于 2 000mg/L；进水中硫酸盐浓度小于 3 000mg/L；进水中 COD_{Cr} 浓度大于 1 000mg/L；严格控制重金属、氰化物、酚类等物质进入完全混合式厌氧反应池的浓度。

4. 设计参数

（1）池形　完全混合式厌氧反应池的基本池形有圆柱形和蛋形，见图 46。

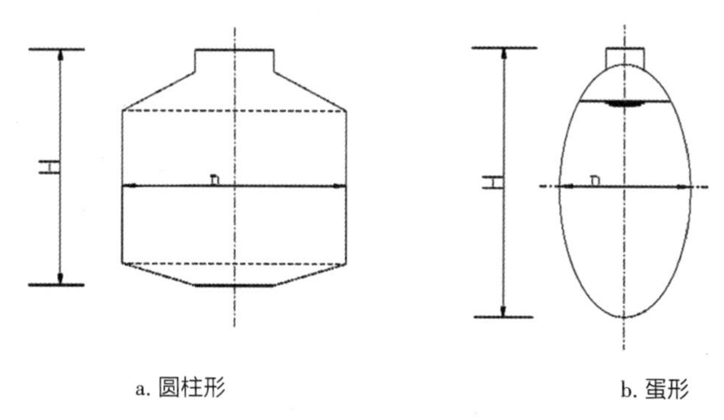

a. 圆柱形　　　　b. 蛋形

图 46　完全混合式厌氧反应池池型示意图

圆柱形完全混合式厌氧反应池的直径 D 与高 H 之比值约为 1，直径一般为 6 ～ 35m，池底与池盖倾角取 15° ～ 20° ；蛋形完全混合式厌氧反应池的长轴高 H 与短轴直径 D 之比值宜在 1.4 ～ 2.0。

（2）容积

1）无污泥回流的完全混合式厌氧反应池容积

A 采用动力学系数法，污泥龄（θ_c）等于水力停留时间，完全混合式厌氧反应池有效容积按下式计算：

$$V = Q\theta_c$$

式中：

V——无污泥回流的完全混合式厌氧反应池容积（m^3）。

Q——无污泥回流的完全混合式厌氧反应池设计流量（m^3/d）。

θ_c——污泥龄（SRT），一般为 3 ～ 7d。

B 采用容积负荷法按下式计算完全混合式厌氧反应池容积：

$$V = 1\,000QC_0/NV$$

式中：

V——无污泥回流的完全混合式厌氧反应池容积（m^3）。

Q——无污泥回流的完全混合式厌氧反应池设计流量（m^3/d）。

C_0——无污泥回流的完全混合式厌氧反应池进水 COD_{cr} 浓度（mg/L）。

NV——容积负荷，常温厌氧反应一般取 1 ～ 3kgCOD/（m^3 • d），中温厌氧反应一般取 3 ～ 10kgCOD/（m^3 • d），高温厌氧反应一般取 10 ～ 15kg COD/（m^3 • d）。

C 完全混合式厌氧反应池容积根据污泥负荷设计时，按下式计算：

$$V = 1\,000QC_0/（NSX）$$

式中：

V——无污泥回流的完全混合式厌氧反应池容积（m^3）。

Q——无污泥回流的完全混合式厌氧反应池设计流量（m^3/d）。

C_0——无污泥回流的完全混合式厌氧反应池进水 COD_{cr} 浓度（mg/L）。

NS——污泥负荷［kgCOD/（kgMLVSS·d）］。

X——无污泥回流的完全混合式厌氧反应池中污泥浓度（mgMLVSS/L）。

2）有污泥回流的完全混合式厌氧反应池容积

A 有污泥回流的完全混合式厌氧反应池容积根据动力学系数设计时，应按下式计算：

$$V = \theta_c YQ（C_0 - C_e）/［X（1 + b\theta_c）］$$

式中：

V——有污泥回流的完全混合式厌氧反应池容积（m^3）。

X——有污泥回流的完全混合式厌氧反应池中污泥浓度（mgMLVSS/L）。

Y——污泥产率系数，低脂型废水参考取值为 0.004 4kgMLVSS/$kgBOD_5$，高脂型废水参考取值为 0.040kgMLVSS/$kgBOD_5$。

b——内源呼吸系数，低脂型污水参考取值为 0.019d^{-1}，高脂型污水参考取值为 0.015d^{-1}。

Q——有污泥回流的完全混合式厌氧反应池设计流量（m^3/d）。

C_0——有污泥回流的完全混合式厌氧反应池进水 COD_{Cr} 浓度（mg/L）。

C_e——有污泥回流的完全混合式厌氧反应池出水 COD_{Cr} 浓度（mg/L）。

θ_c——污泥龄（SRT），d。有污泥回流的完全混合式厌氧反应池废水处理工艺中 θ_c 约为临界污泥龄 θ_c^m 的 2 ～ 10 倍。

B 临界污泥龄（θ_c^m）应按下式计算：

$$\theta_c^m =（K_m + C_0）/（Y_K C_0）$$

式中：

θ_c^m——临界污泥龄（d）。

K_m——米氏常数（半饱和常数），其值为反应速率为 1/2 最大反应速率时的底物浓度（mg/L）。

K——生成产物的最大速率（d^{-1}）。

C_0——有污泥回流的完全混合式厌氧反应池进水 COD_{Cr} 浓度（mg/L）。

Y——污泥产率系数，0.004 4 ～ 0.04kgMLVSS/kgBOD$_5$。

(3)搅拌

1)无污泥回流的完全混合式厌氧反应池搅拌设计　宜采用沼气循环搅拌法，用防爆空压机将沼气压入完全混合式厌氧反应池，配合推流式潜水搅拌机等进行沼气循环搅拌。推流式潜水搅拌机应符合 HJ/T 279 的规定。

沼气搅拌应达到如下效果：使有机污染物与厌氧微生物均匀地混合接触；使完全混合式厌氧反应池各处的污泥浓度、pH、微生物种群等保持均匀一致；及时将热量传递至池内各部位，使加热均匀；出现有机物冲击负荷或有毒物质进入时，均匀地搅拌混合可使冲击或毒性降至最低；大大降低池底泥沙的沉积及液面浮渣的形成。

沼气经压缩机加压后，通过厌氧反应池顶的配气环管，由均布的立管输入厌氧反应池，沼气量按 5 ～ 7m^3/（1 000m^3 · min)设计，干管与配气环管流速 10 ～ 15m/s，立管流速 5 ～ 7m/s。

沼气压缩机功率可按下式计算：

$$N = VW$$

式中：

N——沼气压缩机功率(W)。

V——完全混合式厌氧反应池容积(m^3)。

W——单位池容所需功率，一般取 5 ～ 8W/m^3。

2)有污泥回流的完全混合式厌氧反应池搅拌设计

应采用机械搅拌，混合功率宜采用 5 ～ 8W/m^3 池容，应选用安装角度可调的搅拌器。应根据完全混合式厌氧反应池池型选配搅拌器(图 47)，搅拌器应符合 HJ/T 279 的规定。机械搅拌器布置的间距、位置，应根据试验确定或由供货厂方提供。每个完全混合式厌氧反应池内均应设置搅拌器，搅拌器应对称布置(图 48)。

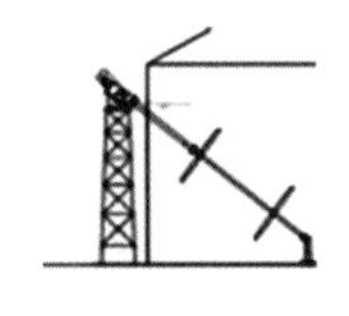

a. 斜入式搅拌机

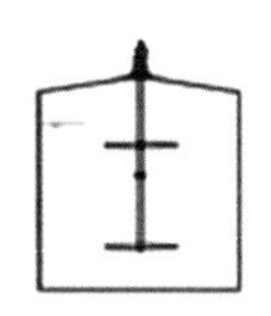

b. 顶入式搅拌机

c. 侧入式搅拌机

图 47　搅拌机类型示意图

图 48　厌氧罐搅拌设备

（4）溢流　完全混合式厌氧反应池应设上清液溢流装置。溢流装置应设水封，防止集气罩与大气相通。通常采用的溢流装置有倒虹管式、大气压式和水封式。

（5）排泥　完全混合式厌氧反应池的污泥产率为 0.004 4 ～ 0.04kgMLVSS/ $kgBOD_5$，排泥频率宜根据污泥浓度分布曲线确定。应在不同高度设置取样口，根据监测污泥的浓度绘制污泥分布曲线。无污泥回流的完全混合式厌氧反应池的排泥管应设在池底，依靠净水压力排泥。有污泥回流的完全混合式厌氧反应池之后设沉淀池，排泥在沉淀池中进行，由刮泥机完成。

（6）脱气器　完全混合式厌氧反应池宜选用真空度约 4 900Pa 的脱气器。

（7）沉淀池　完全混合式厌氧反应池后续处理工艺中沉淀池表面积按下式计算：

$$A = Q/nq$$

式中：

A——沉淀池的表面积（m^2）。

Q——有污泥回流的完全混合式厌氧反应池设计流量（m^3/d）。

n——沉淀池个数。

q——沉淀池面积水力负荷，一般取值为 0.5 ～ 1.0$m^3/(m^2 \cdot d)$。

（8）污泥回流　污泥回流设施应采用不易产生复氧的离心泵、混流泵、潜水泵等设备。回流设施宜分别按处理系统中的最大污泥回流比计算确定。回流设备应设置备用。

（9）剩余污泥　剩余污泥量按污泥泥龄计算：

$$\triangle X = VX/\theta_c$$

式中：

$\triangle X$——剩余污泥量（gMLVSS/d）。

V——完全混合式厌氧反应池的容积（m^3）。

X——完全混合式厌氧反应池中污泥浓度（mgMLVSS/L）。

θ_c——污泥泥龄（d）。

剩余污泥量按污泥产率系数、衰减系数及不可生物降解惰性悬浮物计算：

$$\triangle X = YQ(S_o - S_e) - K_d VX + fQ(SS_o - SS_e)$$

式中：

$\triangle X$——剩余污泥量（gMLVSS/d）。

V——完全混合式厌氧反应池的容积（m^3）。

Y——污泥产率系数，0.004 4 ～ 004kgMLVSS/kgBOD_5。

Q——完全混合式厌氧反应池设计流量（m^3/d）。

S_o——完全混合式厌氧反应池进水 BOD_5 浓度（mg/L）。

S_e——完全混合式厌氧反应池出水 BOD_5 浓度（mg/L）。

K_d——衰减系数（d^{-1}）。

X——完全混合式厌氧反应池中污泥浓度（mgMLVSS/L）。

f——MLSS 的污泥转换率，宜根据试验资料确定，无试验资料时可取 0.5 ～ 0.7（gMLVSS/gMLSS）。

SS_o——完全混合式厌氧反应池进水悬浮物浓度（kg/m^3）。

SS_e——完全混合式厌氧反应池出水悬浮物浓度（kg/m^3）。

剩余污泥宜设置计量装置，可采用湿污泥计量和干污泥计量两种方式。沉淀池排泥运行的设计和操作应符合 GB 50014 的规定。污泥处理和处置要求执行 GB 50014 的规定，经处理后的污泥应符合 CJ 3025 的规定。厢式压滤机和板框压滤机、污泥脱水用带式压榨过滤机、污泥浓缩带式脱水一体机应符合 HJ/T 242、HJ/T 283、HJ/T 335 的规定。污泥脱水系统设计时应考虑污泥最终储存场地的要求。

（10）沼气净化及利用

1）沼气产量　完全混合式厌氧反应池甲烷产量按下式计算：

$$Q_{CH4}=Q\eta\ (C_0-C_e)$$

式中：

Q_{CH4}——甲烷产量（m^3/d）。

Q——完全混合式厌氧反应池设计流量（m^3/d）。

η——沼气产率，一般取 0.45 ～ 0.50$m^3/kgCOD_{cr}$。

C_o——完全混合式厌氧反应池进水 COD_{cr} 浓度（mg/L）。

C_e——完全混合式厌氧反应池出水 COD_{cr} 浓度（mg/L）。

沼气总量可按下式计算：

$$Q_{沼}=Q_{CH4}/p$$

式中：

$Q_{沼}$——沼气总量（m^3/d）。

Q_{CH4}——甲烷气产量（m^3/d）。

p——沼气中甲烷含量，一般为 50%～ 70%。

2）沼气净化　沼气净化系统主要包括脱水、脱硫及沼气储存，系统组成见图 49。

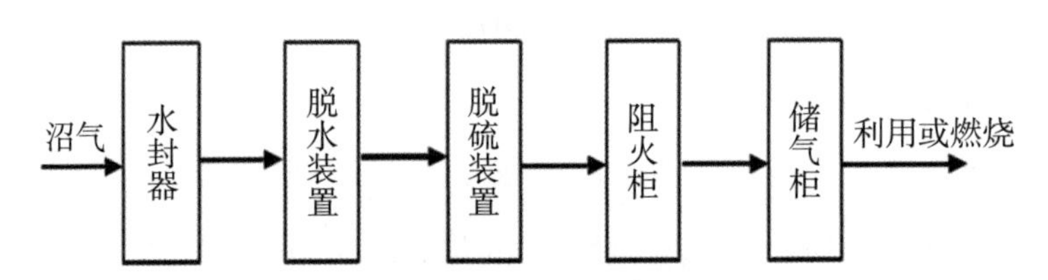

图 49　沼气净化系统示意图

沼气净化利用系统设计应注意防火、防爆，应符合 NY/T 1220.1、NY/T 1220.2 的有关规定。

3）沼气利用　经过脱水和脱硫处理后方可进入后续利用装置或系统。沼气脱水、脱硫设计应符合 NY/T 1220.2 的有关规定。

4）沼气储存　沼气储存可采用低压湿式储气柜、低压干式储气柜和高压储气罐。储气柜与周围建筑物应有一定的安全防火距离。储气柜容积应根据沼气产生量及不同利用方式确定：沼气用于民用炊事时，储气柜的容积按日产气量的 50%～60%设计；沼气用于锅炉、发电和部分民用时，应根据沼气供应平衡曲线确定储气柜的容积；无平衡曲线时，储气柜的容积应不低于日产气量的 10%。

沼气储气柜输出管道上宜设置安全水封或阻火器，大型用气设备应设置沼气放散管，但严禁在建筑物内放散沼气。

5）沼气日产量　低于 1 300m^3 的完全混合式厌氧反应池，宜作为炊事、采暖或厌氧换热的热源；沼气日产量高于 1 300m^3 的完全混合式厌氧反应池宜进行发电或作为炊事、采暖或厌氧换热的热源。

阅读材料

CSTR案例介绍

1. 丰都县中大农业开发有限公司沼气工程

该项目位于丰都县名山镇两汇村 3 社，其养殖规模为常年存栏 4 000 头猪，本项目采用猪粪为发酵原料。本沼气工程采用 CSTR 中温（35 ～ 38℃）厌氧发酵工艺。该项目建设 500m^3 规模的 CSTR 一体化厌氧反应设备 1 座及附属设施（图 50）；储气柜 1 座（储气柜与 CSTR 发酵罐合建，下部为反应罐，上部为储气柜）及沼气沼液输送系统。

图 50　CSTR 装置

2. 重庆鑫宜居生态农业发展有限公司猪场沼气工程

该项目位于南川区太平场镇中坝村 9 社，其养殖规模为常年存栏 3 000 头猪，本项目采用猪粪为发酵原料。本沼气工程采用 CSTR 中温（35 ～ 38℃）厌氧发酵工艺。该项目建设 500m^3 规模的 CSTR 一体化厌氧反应设备 1 座及附属设施；储气柜 1 座(储气柜与 CSTR 发酵罐合建，下部为反应罐，上部为储气柜)及沼气沼液输送系统。

3. 山东民和沼气工程

山东民和沼气工程于 2008 年调试运行，其料液 pH 为 6.88 ~ 8.49, 氨氮为 5 000mg/L，VFA 为 80mmol/L，采用新型生物脱硫技术对沼气进行脱硫净化，硫化氢去除率能够达到 97%以上。该工程年产沼气 30 000 万 m^3，年发电 60 000 万 kWh；以 0.7 元 /kWh 计算，年收益可达 1 533 万元，是目前国内畜禽场规模最大的沼气发电工程。此外，该工程实现年减排二氧化碳当量 6.6 万 t/ 年，CDM 年收益 600 万元。两项总收益可达 2 133 万元，扣除 849 万元的运行成本及 140 万元的税金后，年净收入为 1 144 万元 / 年，预计 5 年可收回投资成本，其工艺流程图及相关作业流程见图 51、图 52、图 53、图 54。

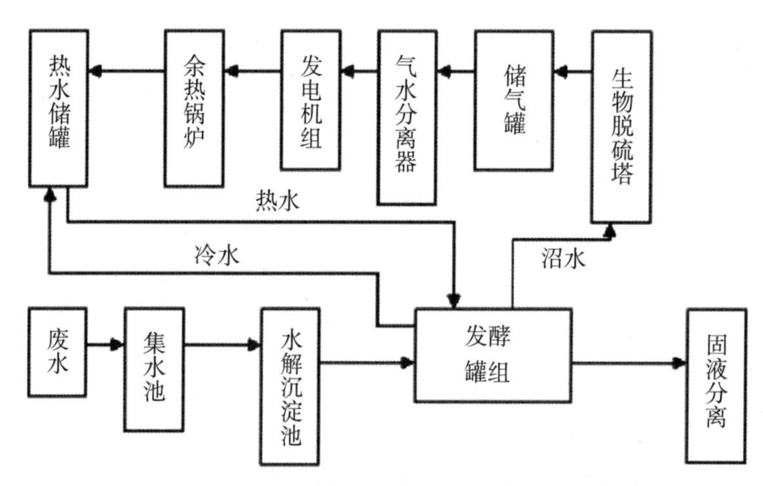

图 51　山东民和沼气工程工艺流程

图 52　山东民和沼气工程

图 53　山东民和沼气厂工作人员将鸡粪装入投料口

图 54　山东民和沼气厂工作人员在操作间作业

4. 北京德青源健康养殖生态园

北京德青源健康养殖生态园位于北京市延庆县，饲养蛋鸡 260 万只，每天产生鸡粪 212t 和污水 318t，日产沼气 20 000m^3，日发电量 40 000kWh，年上网代销可获收益 800 万元。发电机组余热用于冬季厌氧进料增温，保证系统常年稳定运行，每年可实现温室气体减排 8 万 t（二氧化碳当量）。年可产生沼液 17 万 m^3，作为有机液态肥用于周边约 1 334 万亩果树、蔬菜和 0.13 万 hm^2 玉米种植，发展绿色、无公害农产品。北京德青源生态园沼气工程见图 55。

图 55　北京德青源生态园沼气工程

5. 甘肃张掖农垦农场

甘肃张掖农垦农场现存栏肉牛和肉羊分别为 3 500 头和 4 200 头，日产牛羊粪尿 50t。公司采用 CSTR 工艺处理粪污，项目总投资 500 万元，年处理粪便 22 万 t，生产沼气 36 万 m^3，沼肥 18 万 t。部分沼气供员工日常生活用，剩余沼气脱硫后用于发电，年发电量可达 400 000kWh，年增收节支可达 80 万元以上，其工艺流程如图 56：

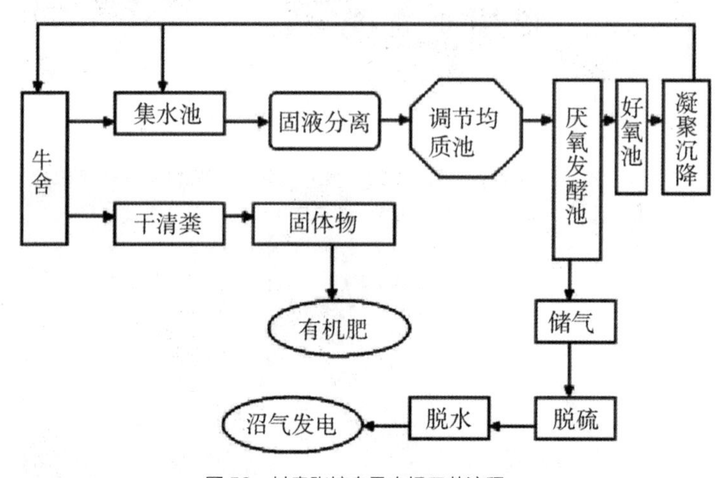

图 56　甘肃张掖农垦农场工艺流程

6. 浙江诸暨赏霞畈沼气工程

浙江诸暨赏霞畈沼气集中供气工程，该项目总投资 70 余万元，池容积 400m^3，铺设输气管网 6 000m，购置用气设备 150 套，属于典型的农村节能环保工程。日产沼气 150m^3，经脱硫处理后供周边 150 户农家日常使用，产生的沼液沼渣作为优质有机肥施用于 13hm^2 农田。该工程优化了农村能源消费结构，发展了农村低碳经济，为新农村建设及农村节能减排工作提供了范例，其工艺流程见图 57：

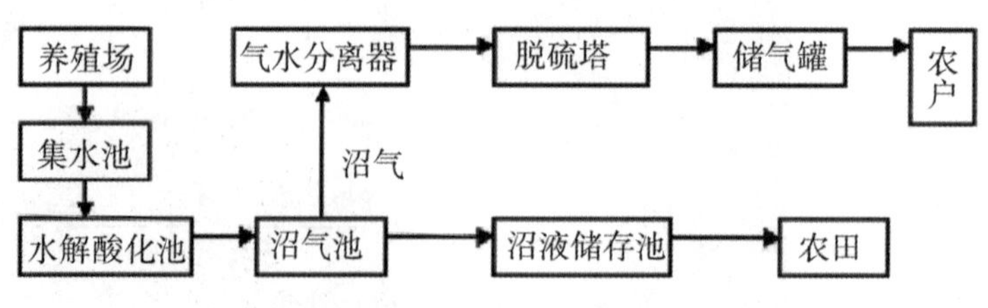

图 57　浙江诸暨赏霞畈沼气集中供气工程工艺流程

德国CSTR工艺

在制沼技术较发达的德国，多项沼气工程都采用 CSTR 工艺。以德国 Klein Schwechten 沼气工程为例，该工程位于德国柏林郊区，由农场主投资建设，2006 年建成并运行。固体原料经进料机械搅拌均匀后进入水解酸化池，池中设有潜水搅拌器将原料搅拌均匀，并设有加热系统，使得池中料液温度维持在 25℃，同时添加化学脱硫剂进行原位脱硫，发酵周期为 30d。池内料液浓度为 6%，由加热系统控制料液温度保持在 40℃，产生的沼气经反应器顶部储气膜暂存后用于发电，发电量的 6%～ 7%供农场自用，其余并入电网。产生的沼渣和沼液汇入储存池，一定时期后外运农用。此外，还有 Farm-Wiesenau 的沼气发电工程和 Radehurg 垃圾及废水处理工程等均采用 CSTR 处理工艺。

（二）UASB工艺

1. 概念

升流式厌氧污泥床反应器指废水通过布水装置依次进入底部的污泥层和中上部污泥悬浮区，与其中的厌氧微生物进行反应生成沼气，气、液、固混合液通过上部三相分离器进行分离，污泥回落到污泥悬浮区，分离后废水排出系统，同时回收产生沼气的厌氧反应器（简称 UASB 反应器）。

2. 工艺流程

UASB 工艺流程见图 58。

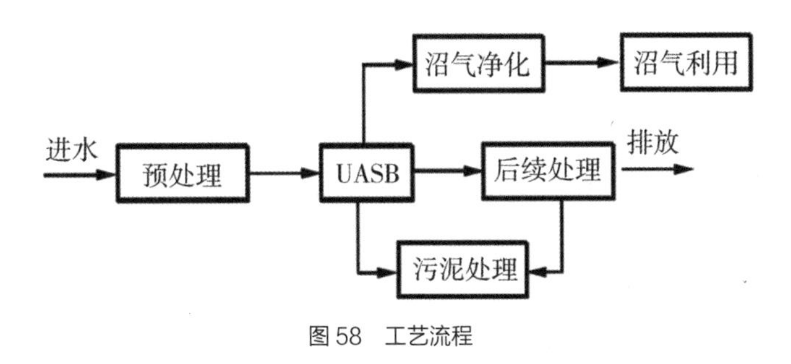

图 58　工艺流程

3. 适用范围

UASB 反应器进水应符合下列条件：pH 为 6.0 ～ 8.0；常温厌氧温度为 20 ～ 25℃，中温厌氧温度为 35 ～ 40℃，高温厌氧温度为 35 ～ 40℃；营养组合比（COD_{cr}：氨氮：磷）为（100～500）：5：1，BOD_5/COD_{cr}的比值大于0.3，进水中悬浮物浓度小于1 500mg/L，进水中氨氮浓度小于2 000mg/L，进水中硫酸盐浓度小于1 000mg/L；进水中COD_r浓度大于1 500mg/L；严格控制重金属、氰化物、酚类等物质进入厌氧反应器的浓度。如果不能满足进水要求，宜采用相应的预处理措施。设计出水直接排放时，应符合国家或地方排放标准要求；排入下一级处理单元时，应符合下一级处理单元的进水要求。

4. 设计参数

（1）UASB反应器池体　UASB反应器容积宜采用容积负荷计算法，按下列公式计算：

$$V = QS_0 / (1\,000N_V)$$

式中：

V——反应器有效容积（m^3）。

Q——UASB反应器设计流量（m^3/d）。

N_V——容积负荷[$kgCOD_{Cr}/(m^3/d)$]。

S_0——UASB反应器进水有机物浓度（$mgCOD_{Cr}/L$）。

反应器的容积负荷应通过试验或参照类似工程确定，在缺少相关资料时可参考《升流式厌氧污泥床反应器污水处理工程技术规范》（HJ 2013—2012）附录A的有关内容确定。处理中、高浓度复杂废水的UASB反应器设计负荷可参考《升流式厌氧污泥床反应器污水处理工程技术规范》（HJ 2013—2012）。

UASB反应器工艺设计宜设置两个系列，具备可灵活调节的运行方式，且便于污泥培养和启动。反应器的最大单体体积应小于3 000m^3。UASB 反应器的有效水深应在5～8m。UASB反应器内废水的上升流速宜小于0.8m/h。

UASB反应器的建筑材料应符合下列要求：UASB反应器宜采用钢筋混凝土、不锈钢、碳钢等材料；UASB反应器应进行防腐处理，混凝土结构宜在气液交界面上下1.0m处采用环氧树脂防腐；碳钢结构宜采用可靠的防腐材料等；钢制UASB反应器的保温材料常用的有聚苯乙烯泡沫塑料、聚氨酯泡沫塑料、玻璃丝棉、泡沫混凝土、膨胀珍珠岩等。

（2）UASB反应器组成　UASB反应器主要包括布水装置、三相分离器、出水收集装置、排泥装置及加热和保温装置。反应器结构形式见图59。

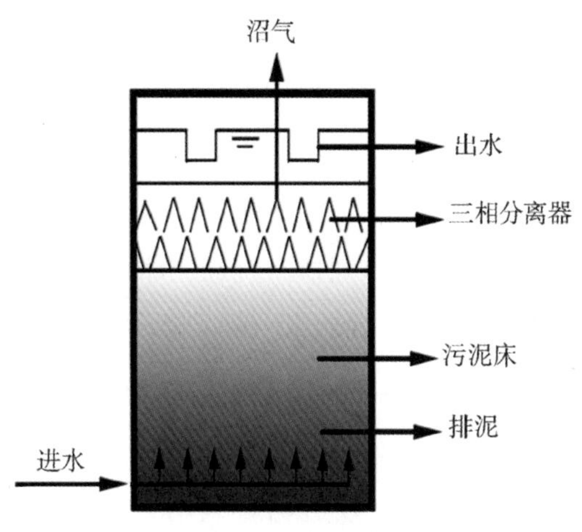

图 59　UASB 反应器结构示意图

（3）布水装置　UASB 反应器宜采用多点布水装置，进水管负荷可参考《升流式厌氧污泥床反应器污水处理工程技术规范》（HJ 2013—2012）。布水装置宜采用一管多孔式布水、一管一孔式布水或枝状布水。布水装置进水点距反应器池底宜保持 150 ～ 250mm 的距离。一管多孔式布水孔口流速应大于 2m/s，穿孔管直径应大于 100mm。枝状布水支管出水孔向下距池底宜为 200mm；出水管孔径应在 15 ～ 25mm；出水孔处宜设 45° 斜向下布导流板，出水孔应正对池底。

（4）三相分离器　宜采用整体式或组合式的三相分离器，单元三相分离器基本构造见图 60。

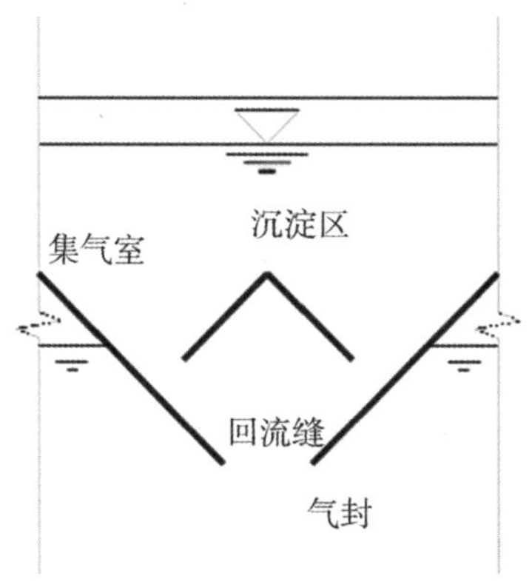

图 60　单元三相分离器基本构造图

沉淀区的表面负荷宜小于 $0.8m^3/(m^2 \cdot h)$，沉淀区总水深应大于 1.0m。出气管的直径应保证能从集气室引出沼气。集气室的上部应设置消泡喷嘴。三相分离器宜选用高密度聚乙烯（HDPE）、碳钢、不锈钢等材料，如采用碳钢材质应进行防腐处理。

（5）出水收集装置　出水收集装置应设在 UASB 反应器顶部。断面为矩形的反应器出水宜采用几组平行出水堰的出水方式，断面为圆形的反应器出水宜采用放射状的多槽或多边形槽出水方式。集水槽上应加设三角堰，堰上水头大于 25mm，水位宜在三角堰齿 1/2 处。出水堰口负荷宜小于 1.7L/（s·m）。处理废水中含有蛋白质或脂肪、大量悬浮固体，宜在出水收集装置前设置挡板。UASB 反应器进出水管道宜采用聚氯乙烯（PVC）、聚乙烯（PE）、聚丙烯（PPR）等材料。

（6）排泥装置　UASB 反应器的污泥产率为 0.05 ～ 0.10kgVSS/kgCOD_{Cr}，排泥频率宜根据污泥浓度分布曲线确定。应在不同高度设置取样口，根据监测污泥浓度制定污泥分布曲线。UASB 反应器宜采用重力多点排泥方式。排泥点宜设在污泥区中上部和底部，中上部排泥点宜设在三相分离器下 0.5 ～ 1.5m 处。排泥管管径应大于 150mm；底部排泥管可兼作放空管。

阅读材料

UASB案例介绍

杭州西子养殖场位于杭州市东北郊，年饲养商品猪 10 000 头，每天排放猪粪污水 100t（COD_{cr} 浓度 25 000mg/L；SS 浓度 12 000mg/L；BOD_5 浓度 13 000mg/L），是当地点污染源之一。1997 年，该公司投入 300 万元建立了 UASB ＋ SBR 综合工艺工程。以 UASB 进行厌氧发酵处理，后辅以 SBR 系统好氧处理，去除 COD_{cr} 的同时除磷脱氮。工程日产沼气 500m^3，除 30m^3 用于食堂炊事燃气，其余用于沼气发电（日发电量 850kWh）。在冬季，沼气除用于日常生活及发电外，部分沼气用于烧锅炉，所产蒸汽用于厂房供暖和沼气池保温。此外，工程所产沼液，用于无公害蔬菜培育，鱼塘和草坪灌溉。其工艺流程如图 61。

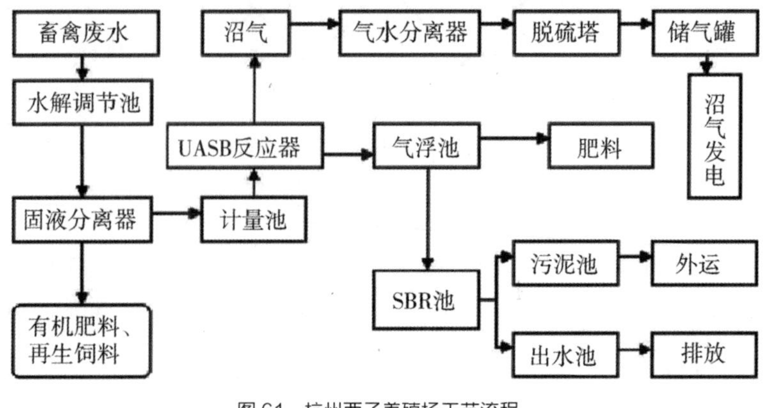

图 61　杭州西子养殖场工艺流程

（三）USR工艺

1. 工艺特点

USR（升流式厌氧固体反应器）是一种常用以处理固体物含量较大的废水的反应器，其构造特点是反应器内不设三相分离器和其他构件，结构如图 62 所示。（大于 5%）的废液由池底配水系统进入，均匀地分布在反应器的底部，然后上升流通过含有高浓度厌氧微生物的固体床，使废液中的有机物与厌氧微生物充分接触反应，有机物被发酵和厌氧分解，转化为沼气。而产生的沼气随水流上升，具有搅拌混合作用，促进了有机物与微生物的接触。由于重力作用固体床区有自然沉淀作用，比重较大的固体物（包括微生物、未降解的固体和无机固体等）被累积在固体床下部，使反应器内保持较高的固体量和生物量，可使反应器有较长的微生物和固体滞留时间。通过固体床的水流从池顶的出水渠溢流至池外。在出水溢流渠前设置挡渣板，可减少池内 SS 的流失，在反应器液面会形成一层浮渣层，在长期稳定运行过程中，浮渣层达到一定厚度后趋于动态平衡。不断有固体被沼气携带到浮渣层，同时也有经脱气的固体返回到固体床区。由于沼气要透过浮渣层进入到反应器顶部的集气室，对浮渣层产生一定的“破碎”作用。对于生产性反应器由于浮渣层表面积较大，浮渣层不会引起堵塞。集气室中的沼气经导管引出池外进入沼气储柜。反应池设排泥管可将多余的污泥和下沉在底部的惰性物质定期排除。

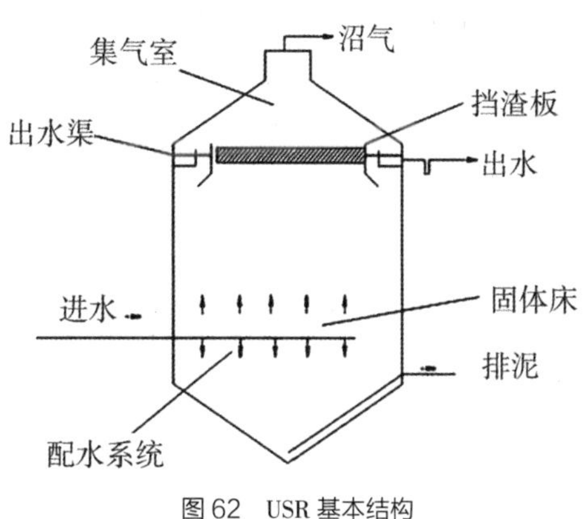

图 62　USR 基本结构

USR 主要有以下优点：①在垂直方向上具备塞流式推流的特点，同时由于生物菌固体颗粒与污水的比重差异使反应器中下部的微生物浓度很高，大大提高了反应器的 *SRT*，从而提高固体有机物的分解消化速率。②该反应器通过底部水管的进水，可实现均匀布水和搅拌一举两得的功效，提高消化效果和避免短流现象。③ USR 反应器设计深度都在 4m 以上，这不仅克服了塞流面积 / 体积比值大的缺点，而且更符合水处理构筑物的深度。④该反应器不易结壳，底部容易设置泥斗将沼渣定期外排。⑤ USR 反应器可以设计成圆形，不仅受力均匀，而且从水流体力学理论上而言，水力条件最佳。

2. 工程参数

USR 工艺进料浓度在 5%～8%；水力停留时间为 10～20d；根据发酵原料不同，容积产气率可达 0.8～3.2m^3/（$m^3 \cdot d$）。USR 的 *SRT* 可根据经验通过下式计算：

$$SRT = [(\mathrm{TSSr})(V \times Dr)] / [(\mathrm{TSSe})(Q \times De)]$$

式中：

SRT——固态滞留期（d）。

TSSr——消化器内总悬浮固体 TSS 的平均质量分数（%）。

TSSe——反应器出水的 TSS 的质量分数（%）。

V——反应器体积（m^3）。

Dr——消化器内固态密度（kg/m^3）。

Q——每天出水的体积（等于进料的体积）（m^3）。

De——出水中的固体密度（kg/m^3）。

USR 案例介绍

江西某规模化养猪场年出栏生猪 1.5 万头，日排放污水量 80（冬季）～150（夏季）m^3，污水水质如表 6 所示。

表 6　猪场废水水质、水量

项目	pH	COD_{cr}（mg/L）	BOD_{cr}（mg/L）	NH_3-N（mg/L）	SS（mg/L）	TP（mg/L）	水量（m^3/d）
测定值	6～8	6 000	3 500	320	2 000	140	80～150
标准值	6～9	400	150	60	200	8	—

该猪场通过政府财政补贴获得资金支持建设了一处污水处理站，将全场养殖废水进行集中处理后达标排放，废水处理核心设备采用 USR 反

应器，在废水处理的同时生产沼气，为猪场提供生产和生活所需的热量。项目建成后处理能力为150m^3/d，项目主要构筑物有格栅池、调节池、USR反应器、储气柜、回流池、沉淀床、氧化塘及泵房和操作间等公共设施。废水处理工艺流程如图63所示。

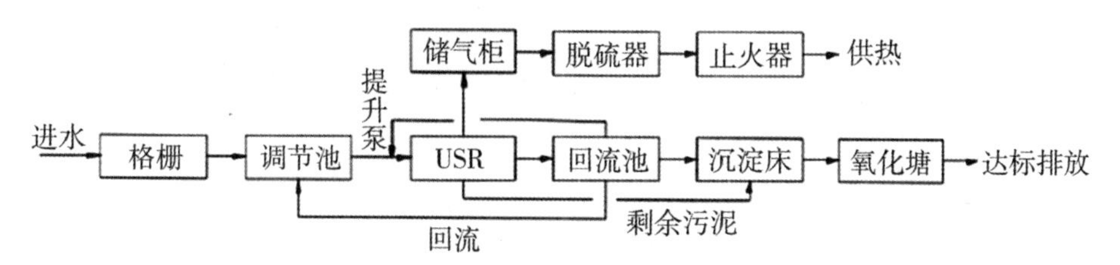

图63　猪场废水处理工艺流程

USR反应器为顶部密封的钢筋混凝土圆形池体，尺寸为Φ8m×10m^2，共有2座，总有效容积为1 000m^3，水力停留时间为6.7～12.5d。布水管安装在池底上方300mm处，池体下部1/3处环绕安装6圈导热管用于冬季对池内废水加热，沼气由池顶上方的导气管引出。反应器设计COD_{cr}容积负荷为0.5kg/（m^3•d）。在中温条件下（35～40℃），采用USR反应器处理猪场生产废水，COD_{cr}去除率在调试过程中可达77%～92%，去除效率较高，经过USR处理后的沼液再经过沉淀、氧化塘处理后可达到《畜禽养殖业污染物排放标准》（GB 18596—2001）。

（四）EGSB工艺

1. 工艺特点

厌氧颗粒污泥膨胀床反应器（EGSB反应器）指由底部的污泥区和中上部的气、液、固三相分离区组合为一体的，通过回流和结构设计使废水在反应器内具有较高上升流速，反应器内部颗粒污泥处于膨胀状态的厌氧反应器。EGSB与UASB反应器不同之处是，EGSB反应器设有专门的出水回流系统。EGSB反应器一般为圆柱状塔形，特点是高径比值大，一般可达3～5，生产装置反应器的高度可达15～20m。颗粒污泥的膨胀床改善了废水中有机物与微生物之间的接触，强化了传质效果，提高了反应器的生化反应速度，从而大大提高了反应器的处理效能。从实际运行情况看，EGSB厌氧反应器对有机物的去除率高达85%以上，运行状况和出水水质稳定，是一种高效的厌氧反应装置。

2. 工艺流程

采用 EGSB 反应器的废水处理工艺流程见图 64。

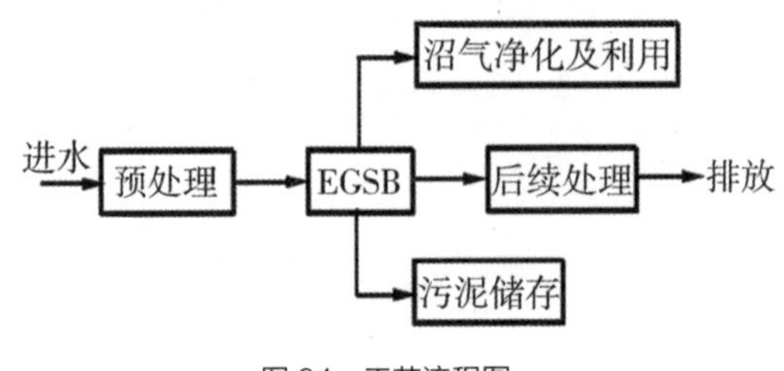

图 64　工艺流程图

3. 适用范围

EGSB 反应器进水应符合下列条件：pH 为 6.0 ～ 8.0；常温厌氧温度为 20 ～ 25℃，中温厌氧温度为 35 ～ 40℃，高温厌氧温度为 50 ～ 55℃；营养组合 COD_{cr} ∶ N ∶ P 为（100 ～ 500）∶ 5 ∶ 1；EGSB 反应器进水中悬浮物浓度小于 2 000mg/L；氨氮浓度小于 2 000mg/L；硫酸盐浓度小于 1 000mg/L，COD_{cr}/SO_4^{2-} 比值大于 10；COD_{cr} 浓度大于 1 000mg/L；严格控制重金属、氰化物、酚类等物质进入厌氧反应器的浓度。EGSB 工艺广泛应用于淀粉、乙醇、啤酒、制药、造纸等行业，由于该工艺要求进水悬浮固体物含量较低，所以不适宜处理畜禽养殖废水。

4. 设计参数

（1）EGSB 反应器组成　EGSB 反应器主要由布水装置、三相分离器、出水收集装置、循环装置、排泥装置及气液分离装置组成。EGSB 反应器结构形式见图 65。

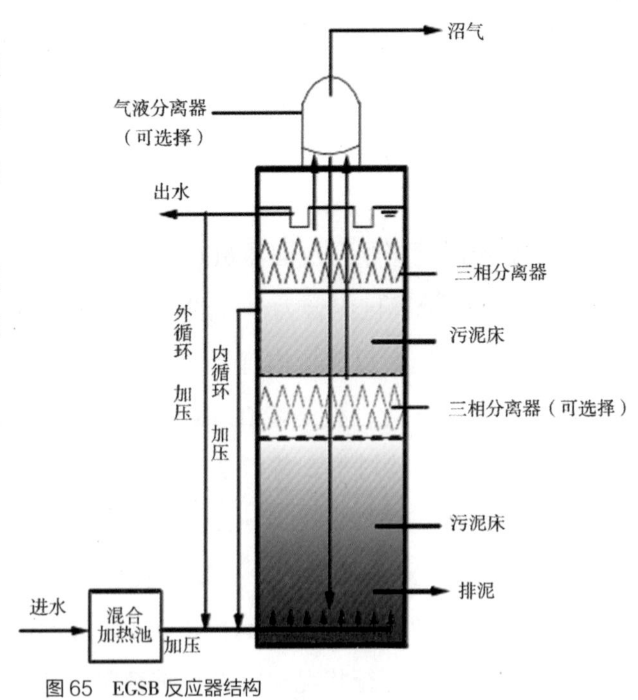

图 65　EGSB 反应器结构

（2）EGSB 反应器池体设计

第一，EGSB 反应器容积宜采用容积负荷法计算，按下式计算：

$V = QS_0/（1\,000N_V）$

式中：

V——反应器有效容积（m^3）。

Q——EGSB 反应器设计流量（m^3/d）。

N_V——容积负荷［$kgCOD_{cr}/（m^3 \cdot d）$］。

S_0——进水有机物浓度（$mgCOD_{cr}/L$）。

第二，反应器的容积负荷应通过试验或参照类似工程确定，在缺少相关资料确定，EGSB 反应器的容积负荷范围宜为 10 ～ 30$kgCOD_{cr}/（m^3 \cdot d）$。

第三，EGSB 反应器的个数不宜少于 2 个，并应按并联设计，具备可灵活调节的运行方式，且便于污泥培养和启动。

第四，EGSB 反应器的有效水深宜在 15 ～ 24m。EGSB 反应器内废水的上升流速宜在 3 ～ 7m/h。EGSB 反应器宜为圆柱状塔形，反应器的高径比值宜在 3 ～ 8。

第五，EGSB 反应器的建筑材料应符合下列要求：EGSB 反应器采用不锈钢、加防腐涂层的碳钢等材料，也可采用钢筋混凝土结构；钢制 EGSB 反应器的保温材料常用的有聚苯乙烯泡沫塑料、聚氨酯泡沫塑料、玻璃丝棉、泡沫混凝土、膨胀珍珠岩等。

（3）布水装置　布水装置宜采用一管多孔式布水和多管布水方式。一管多孔式布水孔口流速应大于 2m/s，穿孔管直径应大于 100mm，配水管中心距反应器池底宜保持 150 ～ 250mm 的距离。多管布水每个进水口负责的布水面积宜为 2 ～ 4m^2。

（4）三相分离器　宜采用整体式或组合式的三相分离器，三相分离器基本构造见图 66。

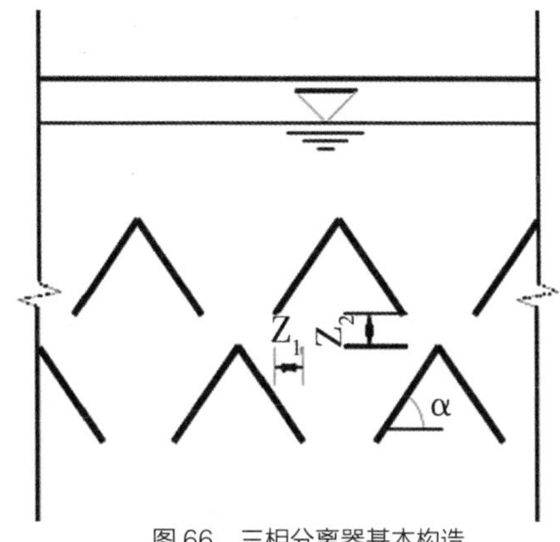

图 66　三相分离器基本构造

整体式三相分离器斜板倾角 α 为55°～60°；分体式三相分离器反射板与隙缝之间的遮盖 Z_1 宜在100～200mm，层与层之间的间距范围 Z_2 宜为100～200mm。EGSB反应器可采用单级三相分离器，也可采用双级三相分离器。设置双级三相分离器时，下级三相分离器宜设置在反应器中部，覆盖面积宜为50%～70%，上级三相分离器宜设置在反应器上部。出气管的直径应能保证从集气室引出沼气。处理废水中含有蛋白质、脂肪或大量悬浮固体时，宜在出水收集装置前设置消泡喷嘴。三相分离器宜选用聚丙烯(PP)、碳钢、不锈钢等材料，如采用碳钢材质应进行防腐处理。

(5)出水收集装置　出水收集装置应设在EGSB反应器顶部。圆柱形EGSB反应器出水宜采用放射状的多槽或多边形槽出水方式。集水槽上应加设三角堰，堰上水头直径应大于25mm，水位宜在三角堰齿1/2处。出水堰口负荷宜小于1.7L/(s·m)。EGSB反应器进出水管道宜采用聚氯乙烯(PVC)、聚乙烯(PE)、聚丙烯(PPR)、不锈钢、高密度聚乙烯(HDPE)等材料。

(6)循环装置　EGSB反应器有外循环和内循环两种方式。EGSB反应器外循环和内循环均由水泵加压实现，回流比根据上升流速确定，上升流速按下式计算：

$$v=(Q+Q_{回})/A$$

式中：

v——反应器上升流速(m/h)。

Q——EGSB反应器进水流量(m^3/h)。

$Q_{回}$——EGSB反应器回流流量，包括内回流和外回流(m^3/h)。

A——反应器表面积(m^2)。

EGSB反应器外循环出水宜设旁通管接入混合加热池。EGSB反应器外循环、内循环进水点宜设置在原水进水管道上，与原水混合后一起进入反应器。

(7)排泥装置　EGSB反应器的污泥产率为0.05～0.10kgVSS/kgCOD$_{cr}$，排泥频率宜根据污泥浓度分布曲线确定。应在不同高度设置取样口，根据监测污泥的浓度绘制污泥分布曲线。EGSB反应器宜采用重力多点排泥方式，排泥点宜设在污泥区的底部。排泥管管径应大于150mm，底部排泥管可兼作放空管。

(8)气液分离器　设置双级三相分离器时，反应器顶部宜设置气液分离器，气液分离器与三相分离器通过集气管相连接。

二、沼气、沼渣、沼液综合利用

（一）沼气的综合利用

厌氧处理产生的沼气须完全利用，不得直接向环境排放。经净化处理后通过输配气系统可用于居民生活用气、锅炉燃烧、沼气发电等。

沼气的净化、储存按照 NY/T 1222—2006 有关规定执行。

沼气净化。沼气净化系统包括：气水分离器、沙滤、脱硫装置。经过净化系统处理后的沼气质量指标，应符合下列要求：甲烷含量在 55% 以上；硫化氢含量小于 20mg/m^3。沼气净化见 GB J16、GB 50028 中相关规定。沼气中水蒸气一般采用重力法脱水。对产量大于 1 000m^3/d 的沼气工程，也可采用冷分离法、固体吸附法、溶剂吸收法等脱水工艺处理。

重力法沼气气水分离器可按以下参数设计：进入气水分离器的沼气量应按日产沼气量计算；气水分离器内的沼气供气压力应大于 2kPa；气水分离器的压力损失应小于 200Pa；气水分离器筒体高度为直径的 4 ～ 6 倍；气水分离器应设有自动排水装置。

沼气管的最低点必须设置冷凝水集水器。

沼气脱硫。沼气中硫化氢含量主要由发酵原料决定。可以同一地区、同一畜种类似沼气工程所产沼气中的硫化氢含量为参照；脱硫技术方案应根据工程具体情况做经济分析后再确定。干法脱硫法可参照表 7 确定。

表 7　沼气干法脱硫法选择

沼气中硫化氢含量	脱硫方法
$< 2g/m^3$	一级脱硫法
$2 \sim 5g/m^3$	二级脱硫法

脱硫装置（罐、塔）应设置两个，一备一用，应并联连接；脱硫装置（图 67）宜在地上架空布置。在南方地区可设置在室外，但需要保温。在寒冷地区应设在室内，一般应设置脱硫间。

沼气储存。沼气储存系统包括储气柜、流量计等。一般采用低压湿式储气柜、低压干式储气柜和高压储气罐，应根据具体情况做经济分析后确定。

图67　生物脱硫装置

储气柜容积应根据沼气的不同用途确定：沼气主要用于炊用时，储气柜的容积按日产量的50%～60%设计；沼气作为炊用和发电（或烧锅炉）各占一半左右时，储气柜的容积按日产量的40%设计；沼气主要用于烧锅炉、发电等工业用气时，应根据沼气供求平衡曲线确定储气柜的容积。

储气柜储气压力。按GB 50028和储气柜形式确定储气柜的储气压力。沼气用具前的沼气压力应是其额定压力的2倍。

储气柜宜布置在气源附近。储气柜必须设有防止过量充气和抽气的安全装置。放空管应设阻火器，阻火器宜设在管口处。放空管应有防雨雪侵入和杂物堵塞的措施。

湿式储气柜水封池采用地上式，尽量避免地下式。当采用地下式时，应设置排水放空设施。建造材料一般为钢板或钢筋混凝土。湿式储气柜应设置上水管、排水管和溢流管；钟罩应设置检修入孔，直径不小于600mm，钟罩外壁应设置检修梯。

在寒冷地区，湿式储气柜应设置供热系统。当湿式储气柜钟罩与水封池均为钢板制造时，须做防腐处理，可采用环氧沥青、氯化聚乙烯涂料、聚丁胶乳沥青涂料等防腐材料。

储气柜安全防火距离：干式储气柜之间的防火距离应大于较大储气柜直径的2/3，湿式储气柜之间的防火距离应大于较大储气柜直径的1/2；储气柜至烟囱的距离，应大于20m；储气柜至架空电缆的间距，应大于15m；储气柜至民用建筑或仓库的距离，应大于 25m。沼气储气柜出气口处应设阻火器。

沼气计量。沼气流量计应根据厌氧装置最大小时产气量选择流量计，见表 8。

表 8　沼气流量计选择表

小时沼气量	流量计
户内	皮膜表
20 ~ 30m^3	膜式流量计
> 30m^3	腰轮（罗茨）流量计、涡轮流量计等

沼气流量与工程见图 68 至图 71。

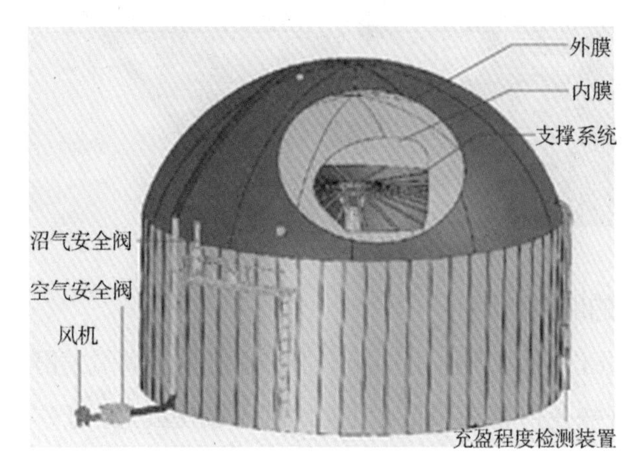

图 68　一体化双膜干式储气装置

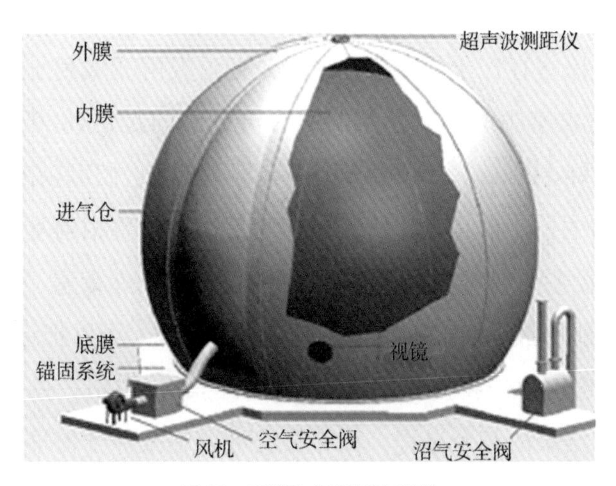

图 69　双膜干式球形储气装置

图 70　山东民和牧业双膜干式球型储气装置

图 71　热、电、肥联产沼气工程

（二）沼液的综合利用

沼液是人、畜粪便、农作物秸秆等各种有机物经厌氧发酵后的残余物，是一种优质的有机物。保存在料液中的物质（厌氧发酵液）可分为 3 种。第一种物质是营养物，由发酵原料中作物难以吸收的大分子物质被微生物分解而形成。由于其结构简单，可被作物直接吸收，向作物提供氮、磷、钾等主要营养元素。第二种物质也是原本存在于料液中的，只是通过发酵变成离子形式罢了。它们的浓度不高，在农家肥的厌氧发酵液中含量最高的是钙（0.02%），其次是磷（0.01%），还有钾、铁、铜、锌、锰、钼等微量元素，它们可以渗进种子细胞内，能够刺激发芽和生长，也是牲畜所必需的。第三类物质相当复杂，目前还没有完全弄清楚。已经测出的这类物质有氨基酸、生长素、赤霉素、纤维素酶、单糖、腐殖酸、不饱和脂肪酸、纤维素及某些抗生素类物质，可以把这些东西称为“生物活性物质”，它们对作物生长发育具有重要的调控作用，参与了种子萌发、植株长大、开花结果的整个过程。如赤霉素可以刺激种子提早发芽，提高发芽率。促进作物茎、叶快速生长；干旱时，某些核酸可增强作物抗旱能力；低温时，游离氨基酸、不饱和脂肪酸可使作物免受冻害；某些维生素可增强抗病能力，在作物生殖期，这些物质可诱发作物开花，防止落花、落果，提高坐果率等。

厌氧发酵液不仅含有氮、磷、钾 3 种基本营养元素，动、植物所需氨基酸和微量元素，大量腐殖酸和维生素，还含有数几十种防治作物病虫害的活性物质、植物生长刺激素、抗生素等，在工农业生产和生活中得到了很大程度的应用。

由于厌氧发酵的原料不同，其氨基酸等物质种类和数量也有很大差别。山东医学院的孟庆国等在 1996 年采用 GC-9A 气相色谱仪对 3 种不同原料鸡粪、猪粪及猪皮汤的厌氧发酵残留液中游离氨基酸进行测定。实验结果表明，鸡粪厌氧发酵残留液中游离氨基酸种类最多，且含量较其他两种残留液高，鸡粪残留液更适于作为饲料添加剂。1998 年他利用电感耦合等离子体发射光谱法又对北京郊区 15 个沼气池的厌氧发酵残留物中的微量元素进行了测定。ICP－AES 测试结果表明：厌氧发酵残留物中含有铁、铜、锰、锌、镍、铬、硒和钙等金属元素，这些元素是人体和动物都必需的，用厌氧发酵残留物作饲料添加剂，可以通过食物链良性循环。

很早以前人们就知道应用厌氧发酵后的残余物作为有机肥料肥田，把农业废弃物经过微生物的处理返回到农田中，符合生态规律。在大力发展生态农业的今天，厌氧发酵技术又重新得到关注。近年来随着厌氧发酵综合利用技术的提倡，发现厌氧发酵液不仅仅可以作为有机肥料，还具有抗病杀虫、防冻抗冻、可作为饲料添加剂等多重功效。厌氧发酵液运用到农业生产，其意义要远远大于一般的有机肥料。总的来说厌氧发酵液是一种具有多种功能的宝贵资源。沼液、沼渣综合利用分别见图 72 至图 82。

图 72　沼液沼渣出料车

图 73　工作人员抽运沼液

图 74　利用沼液灌溉果树

图 75　茶农向茶叶喷灌沼液

图 76　沼液喷施现场

图 77　菜椒沼液量级试验

图 78　沼液喷洒

图 79　沼液灌溉系统

图 80　沼液玉米浸种推广

图 81　沼液浇灌蔬菜

图82 沼液“种”出绿色韭菜

（三）沼渣的综合利用

1. 沼渣的定义

厌氧发酵是微生物将发酵原料进行复杂生化反应的过程，在发酵过程中，发酵原料中绝大多数物质被分解成蛋白质、氨基酸、酚等多种水溶性物质和二氧化碳、甲烷等气体，而原料中未能分解或分解不完全的物质随发酵原料进入反应器的尘土及其他杂质由于重力作用而沉积在反应器底部形成流态物质，这些流态物质干燥后就形成了沼渣。农村户用沼气池的出渣物是沼渣和沼液的混合物，因其固态物质含量较多也笼统地称为沼渣。本书所指沼渣是指反应器出渣物经自然风干后的固态物质。

2. 沼渣的基本特性

沼气发酵过程中，微生物将发酵原料分解为上百种蛋白质、氨基酸及维生素、生长素、糖类等物质。这些物质以单体或多体形式游离于发酵液和吸附在固态物质上。当将反应器底部流态物质进行干燥脱水时除部分易挥发性物质如吲哚乙酸挥发掉外，其他物质仍保留在沼渣中。同时，发酵过程中形成的微生物菌团及未完全分解的纤维素、半纤维素、木质素等物质继续保留在沼渣中。因此，沼渣基本上保持了厌氧发酵产物中除气体外的所有成分，同时由于微生物菌团和未完全分解原料的加入，使沼渣具有其独有的特性。

3. 沼渣的利用

（1）沼渣作为肥料　沼渣作为厌氧发酵后的产物，其物质组成和投入原料有较大的差别，其有机质含量达到40%以上，腐质酸含量达到20%左右。同时，由于人畜粪便中含有尿素、尿酸、维生素、生长素等物质，这些物质在发酵过程中除一部分分解转化为多种氨基酸物质外，其余部分还能形成和保留类似维生素、生长素等物质。另外发酵原料的氮、磷、钾元素在发酵过程中损失较小，施用后其养分具有逐步稳定释放的特性。沼渣肥料中含有的腐殖质疏松多孔又是亲水胶体，能吸持大量水分，故能大大提高土壤的保水能力。沼渣肥料与其他肥料最明显的区别就在于它所具有的环保性能。沼渣中含有多种有机物质和微生物菌团，这些物质在施用后对土壤的理化特性具有明显的改善作用，对于盐碱地的改良效果更明显。

（2）沼渣作为饲料　沼渣含有发酵所产生的多种蛋白质和氨基酸，这些物质可以作为某些特殊养殖业的饲料来源。沼渣作为饲料使用时只是部分替代饲料，其并不能提供完全的营养来源；沼渣作为替代饲料用于水生动物养殖的方法目前还存在一定的争议，主要是沼渣在给鱼类提供饲料的同时也在一定程度上造成了水体污染，使养殖水体有机质含量增加，水体的透明度和浊度恶化，对于局域水体影响严重。

（3）工业沼肥生产技术　农村户用沼气副产物沼渣、沼液综合利用可有效改善农村生态环境，促进农村地区的经济发展。但对于一些大型养殖场、食品厂、味精厂、酒精厂的沼气发酵副产物来说由于数量太大无法向农户那样分散处理，因此需要采取必要的工业化措施处理，工业沼肥既可以为农业生产提供必要的有机肥料又能改善企业生产环境，增加收入，提高企业效益。生产工艺流程如下（图 83）：

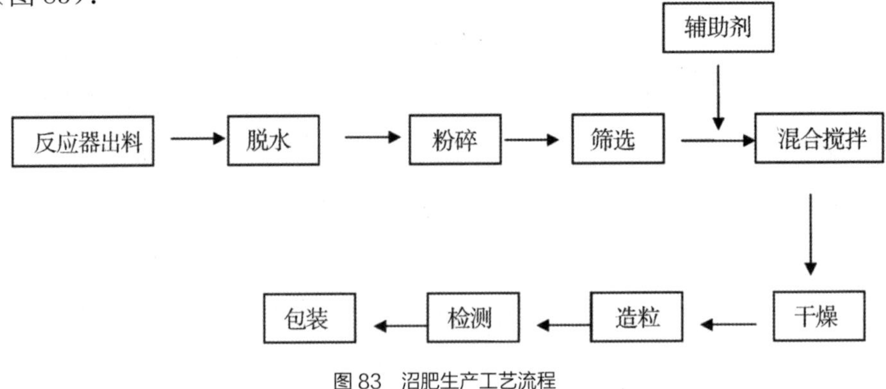

图 83　沼肥生产工艺流程

工业沼肥产品生产的关键问题就是固液分离过程（脱水）时营养物质的流失和辅助剂配合添加等，同时其产品规模直接受反应器处理能力的限制，原料来源在一定程度上限制商品化的进程。

(4)沼肥实用技术　沼渣制作棉花营养钵(图 84)。沼渣中含有较多的吲哚乙酸和有机物质，可以提供作物生长所必需的生长素和肥料，同时沼渣中的有机肥料的肥力释放周期长，可以提供长效肥力。使用沼渣制作的棉花营养钵:发苗效果好，苗期、蕾期较短，现蕾开花早，有利于前伸有效开花结铃期，从而达到增产增收的目的。

图 84　沼渣制作棉花营养钵

沼渣玉米营养土的施用(图 85)。沼渣肥料作为玉米催苗的基肥使用可以使玉米茎秆粗壮，根须增加，抓地牢固，增强玉米的抗倒伏能力，和其他速效氮肥配合使用可以起到明显的增产作用，每亩可增产 10%左右。同时沼渣和泥土按 6 ∶ 4 的比例混合后可以制作玉米营养钵用于玉米的早期育苗，当玉米苗长出 2 ～ 3 片真叶时进行移栽。这种苗转青快、发病率低，特别适用于早春季及反季玉米的种植。

图 85　沼渣基肥

沼渣种植蘑菇技术（图 86）。基料配方：沼渣 78%，木屑 20%，石膏 1%，糖 1%；沼渣 60%，玉米芯 20%，麦麸 18%，石膏 1%，尿素 1%。培养料含水量控制在 55%左右。配料应保证碳氮比为 30∶1，pH 适中。

图 86　沼渣栽培双孢菇

沼渣堆肥处理。沼渣堆肥方法：将秸秆作物粉碎至 5 ～ 10cm 长的小段，与沼渣按 1 ∶ 1 比列混合备用；选择地势高且平坦向阳地作为堆肥地，起堆时先用沼渣铺成 20cm 厚的底层，上面铺设混合均匀的堆肥料，每铺 30cm 厚时用沼液喷洒至下部微有液体渗出为好；肥堆高度、宽度一般为 1.5m、1m 左右，顶部凹陷，铺料完成后顶部和四周表面用稀泥抹光，表面抹泥厚度约为 1.5cm；堆肥完成后，在肥堆周围沿底部挖深 5cm、宽 10cm 左右的环沟以防水分外流；堆肥时间视当地气温条件而定，以堆肥秸秆变为褐色且基本腐烂为准，一般春秋季需要 20d 左右；由于沼渣中含有厌氧发酵过程中的各种微生物，在空气环境中厌氧细菌处于休眠状态，当堆肥密封后部分好氧细菌消耗了有限空间中的氧气而构成了简单的厌氧环境，由此大量引进的厌氧微生物可以将秸秆纤维素、木质素降解成作物可以吸收的小分子物质。沼渣堆肥较传统堆肥腐熟速度快、秸秆降解率高，可以加快作物秸秆还田速度。沼渣堆肥后的腐熟肥料可以直接作为基肥使用也可用作种肥和追肥，做追肥使用时应适当提前追施以利发挥肥效。

沼渣与其他肥料的配合使用方法。沼渣（图 87）作为有机肥料可以和其他速效肥料尤其是矿物肥料配合使用，互相补充达到增产效果（图 88）。沼渣与磷肥的配合使用：将沼渣和磷矿粉按 20 ∶ 1 均匀混合，将这种混合物与有机垃圾或泥土一起堆沤。堆沤方法：先放一层厚度为 20 ～ 30cm 的沼渣与磷矿粉的混合物，再放一层有机垃圾(厚度为 30 ～ 40cm)，再放沼渣、有机垃圾，由此形成一个肥料堆。把泥土敷在肥料堆表面并打紧压实。堆沤 1 个月左右就制成了沼腐磷肥。这种肥料对缺磷土壤有显著增产作用。沼渣与氮肥的配合使用：碳氨和氨水易挥发，如能将沼渣与其混合施用，则能促进化肥在土壤中的溶解和吸附并刺激作物吸收，这样可减少氮素损失，提高化肥利用率。

图 87　沼渣

图 88　沼渣制有机肥

沼渣养猪。沼渣可以作为替代饲料用于肉猪养殖，虽然其增长速度不明显，但其饲料报酬比提高，表现出较好的经济效益；商品猪肉质无异常，胴体瘦肉率提高 1.25%，且生猪在整个生长期中消化道疾病明显减少。

沼渣养鱼。沼渣养鱼有利于改善鱼塘生态环境，增加鱼的饵料，达到增加鱼产量的目的。同时可减少鱼的病虫害。沼渣养鱼适用于以花白鲢为主要品种的养殖塘，其混养优质鱼(底层鱼)比例不超过 40%。

沼渣养黄鳝。沼渣中含有较全面的养分，可供鳝鱼直接食用，同时也能促进水中浮游生物的繁殖生长，为鳝鱼提供饵料，减少饵料的投放，节约养殖成本（一般可降低成本30%左右）。

沼渣养殖蚯蚓（图89）。在人工养殖中，对于蚯蚓饵料的处理一般是将动物粪便与一些有机生活垃圾进行充分发酵的腐熟物质作为饲料来使用。而沼渣作为完全发酵腐熟化后的产品在有机质含量、病虫卵去除和酸碱度等条件上都较简单堆沤腐熟后的饲料更适用于作为蚯蚓人工养殖的饵料。

图89 沼渣养殖蚯蚓

Ⅱ 好氧生物处理技术

一、传统活性污泥法

1. 工艺特点

自从1914年Ardern和Lockett发明活性污泥法以来，已经出现了许多不同类型的活性污泥处理工艺，见图90。按反应器类型划分，有推流式活性污泥法、阶段曝气法、完全混合法、吸附再生法，以及带有微生物选择池的活性污泥法。按供氧方式以及氧气在曝气池中分布特点，处理工艺分为传统曝气工艺、渐减曝气工艺和纯氧曝气工艺。按负荷类型分为传统负荷法、改进曝气法、高负荷法、延时曝气法。

图 90　活性污泥好氧池

2. 工艺流程

（1）传统活性污泥处理法　传统（推流式）活性污泥法的曝气池为长方形，经过初沉的废水与回流污泥借助空气扩散管或机械搅拌设备从曝气池的前端进行混合。一般沿池长方向均匀设置曝气装置。在曝气阶段有机物进行吸附、絮凝和氧化。活性污泥在二沉池进行分离。传统（推流式）活性污泥法工艺流程见图 91。

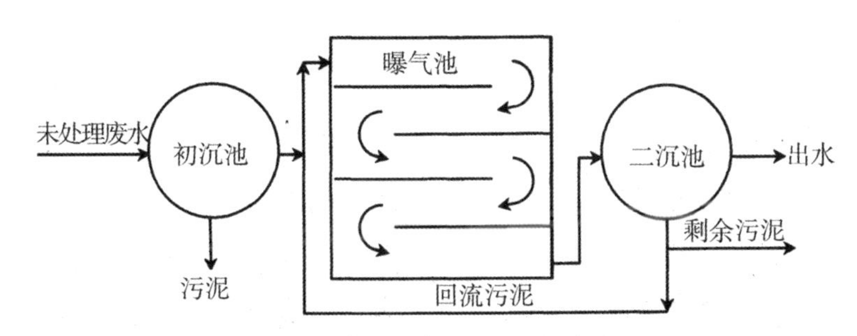

图 91　传统（推流式）活性污泥法工艺流程

（2）阶段曝气法　阶段曝气法（又称为阶段进水法）通过阶段分配进水以避免曝气池中局部浓度过高问题产生的方法。采用阶段曝气后，曝气池沿程污染物浓度分布和溶解氧消耗明显改善。由于废水中常含有抑制微生物产生的物质，以及会出现浓度波动幅度大的现象，因此阶段曝气法得到较广泛的使用（图 92）。

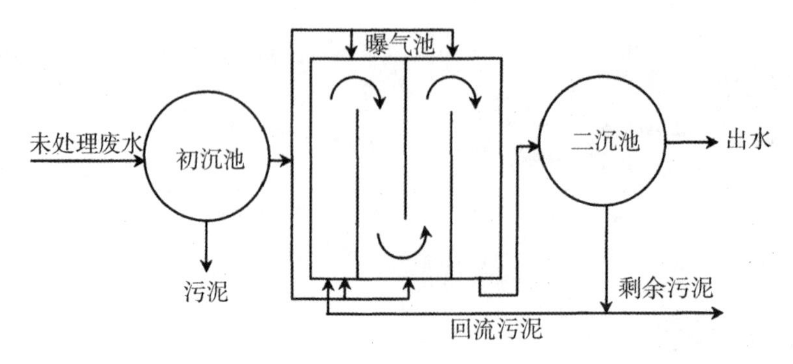

图 92　阶段曝气活性污泥法工艺流程

(3)完全混合法　完全混合法活性污泥处理工艺(又称为带沉淀和回流的完全混合反应器工艺)。在完全混合系统中废水的浓度是一致的，污染物的浓度和氧气需求沿反应器长度没有发生变化。在完全混合法工艺中，只要污染物是可被微生物降解的，反应器内的微生物就不会直接暴露于浓度很高的进水污染物中。因此，该工艺适合于含可生物降解污染物及浓度适中的有毒物质的废水。与运行良好的推流式活性污泥法工艺相比，它的污染物去除率较低。

(4)吸附再生法　吸附再生工艺(又称为接触稳定工艺)由接触池、稳定池和二沉池组成。来自初沉池的废水在接触反应器中与回流污泥进行短暂的接触(一般为 10 ～ 60min)，使可生物降解的有机物被氧化或被细胞吸收，颗粒物则被活性污泥絮体吸附，随后混合液流入二沉池进行泥水分离。分离后的废水被排放，沉淀后浓度较高的污泥则进入稳定池继续曝气，进行氧化。浓度较高的污泥回流到接触池中继续用于废水处理。吸附再生法适用于运行管理条件较好并无冲击负荷的情况。

(5)带选择池的活性污泥法　该工艺在曝气池前设置一个选择池。回流污泥与污水在选择池中接触 10 ～ 30min，使有机物部分被氧化，改变或调节活性污泥系统的生态环境，从而使微生物具有更好的沉降性能。

传统负荷法经过不断地改进，对于普通城市污水，BOD_5 和悬浮固体(SS)的去除率都能达到 85%以上。传统负荷类型的经验参数范围是：混合液污泥浓度在 1 200 ～ 3 000mg/L，曝气池的水力停留时间为 6h 左右，BOD_5 负荷约为 0.56kg/（m^3·d)，改进曝气类型适用于不需要实现过高去除率(BOD_5 去除率＞ 85%)，通过沉淀即可达到去除要求的情况。负荷经验参数范围是：混合液污泥浓度 300 ～ 600mg/L, 曝气时间为 1.5 ～ 2h，BOD_5 和 SS 的去除率在 65%～ 75%。

高负荷类型是通过维持更高的污泥浓度，在不改变污泥龄的情况下，减小水力停留时间来减少曝气池的体积，同时保持较高的去除率。污泥浓度达到4 000 ～ 10 000mg/L 时，BOD_5 容积负荷可以达到 1.6 ～ 3.2kg/（m^3·d）。在氧气供应充足并不存在污泥沉降问题的条件下，高负荷法可以有效地减小曝气池体积，并达到 90% 以上的 BOD_5 和 SS 去除率。目前，许多高负荷法使用纯氧曝气来提高传氧速率，以避免曝气池紊动度过大引起污泥絮凝性和沉降性变差。如果不能提供充足的氧气，会引起严重的污泥沉降，尤其是污泥膨胀的问题。

延时曝气工艺采用低负荷的活性污泥法以获取良好稳定出水水质。延时曝气法中停留时间一般为 24h，污泥浓度一般为 3 000 ～ 6 000mg/L，BOD_5 负荷＜ 0.24kg/（m^3·d）。由于污泥负荷低、停留时间长，污泥处于内源呼吸阶段，剩余污泥量少（甚至不产生剩余污泥），因此，污泥的矿化程度高，无异臭、易脱水，实际上是废水和污泥好气消化的综合体。典型的问题是污泥膨胀引起的污泥流失、硝化问题导致的 pH 降低以及出水悬浮物增高等。

3. 适用范围

适用于以去除污水中碳源有机物为主要目标，无氮、磷去除要求的情况。

4. 设计参数

传统活性污泥法主要设计参数包括污泥负荷、污泥龄、污泥浓度、回流比、需氧量、水力停留时间、总处理效率等。当曝气池水温较低时，为保证处理效果，可采取适当延长曝气时间、提高污泥浓度、增加污泥龄等措施。

二、SBR 工艺

1. 工艺特点

序批式活性污泥法是指在同一反应池（器）（图 93）中，按时间顺序由进水、曝气、沉淀、排水和待机 5 个基本工序组成的活性污泥污水处理方法，简称 SBR 法。其主要变形工艺包括循环式活性污泥工艺（CASS 或 CAST 工艺）、连续和间歇曝气工艺（DAT-IAT 工艺）、交替式内循环活性污泥工艺（AICS 工艺）等，见图 94。

图 93　SBR 池

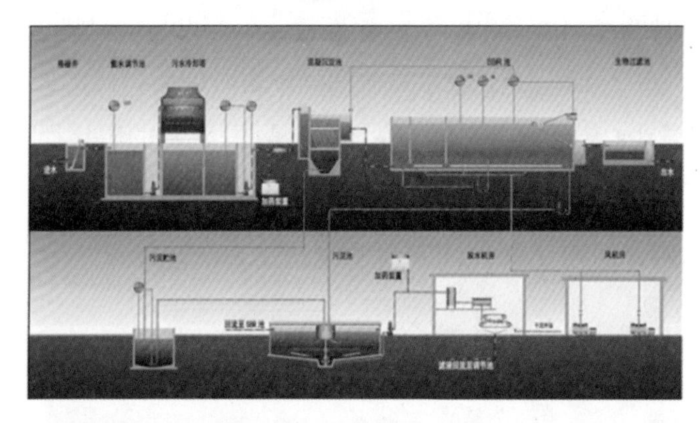

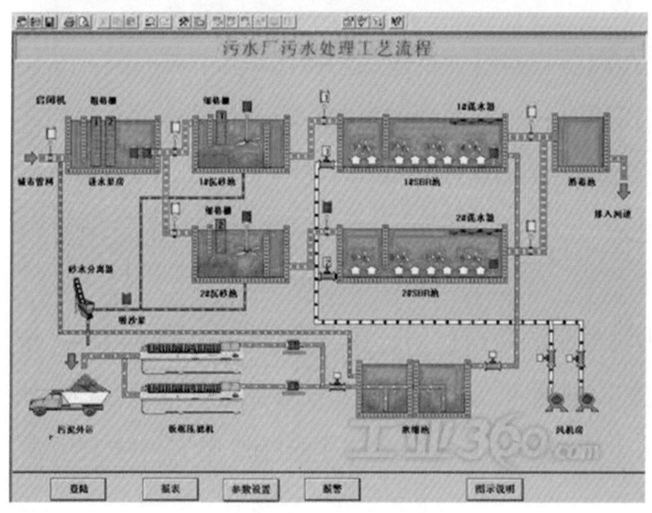

图 94　SBR 工艺流程

2. 工艺流程

（1）SBR 工艺　基本运行方式分为限制曝气进水和非限制曝气进水两种，如图 95、图 96 所示。

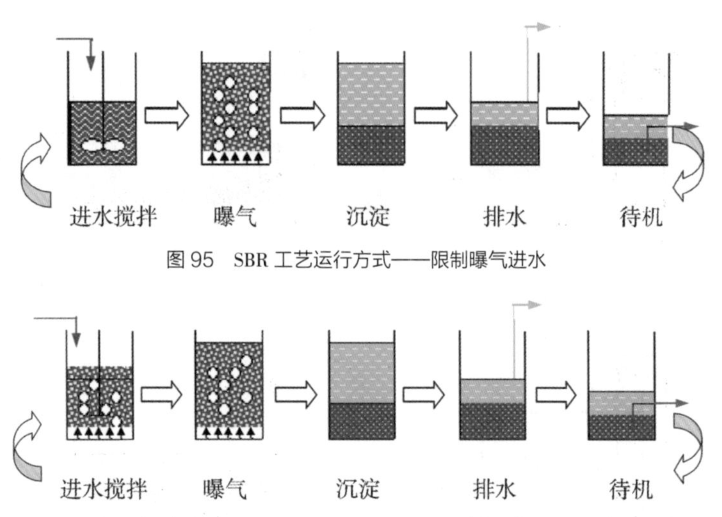

图 95　SBR 工艺运行方式——限制曝气进水

图 96　SBR 工艺运行方式——非限制曝气进水

（2）SBR 法变形工艺设计　循环式活性污泥工艺（CASS 或 CAST）由进水 / 曝气、沉淀、流水、闲置（排泥）4 个基本过程组成，CASS 或 CAST 工艺流程见图 97、图 98。

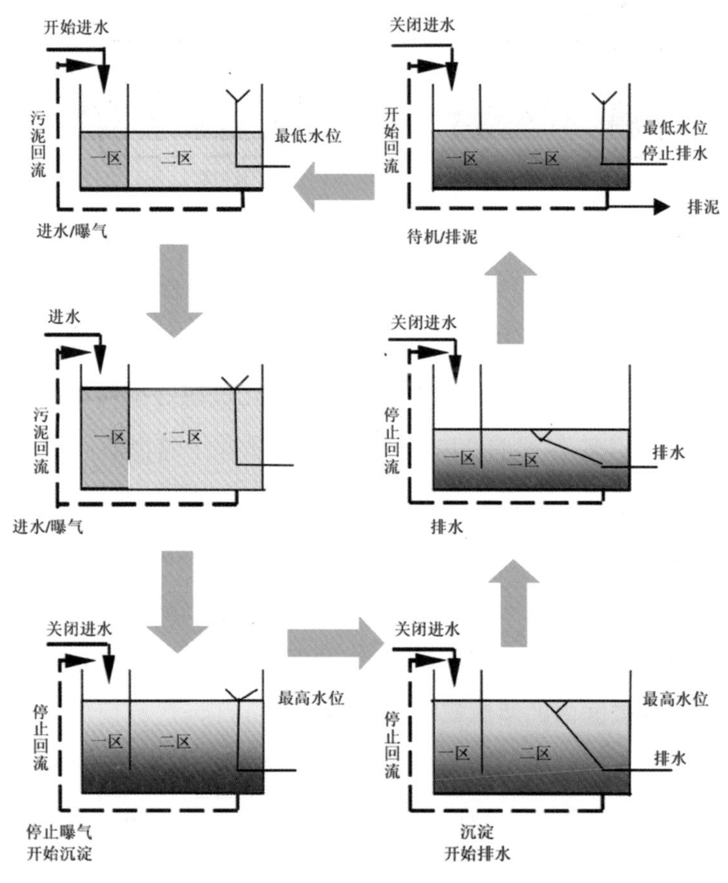

图 97　CASS 或 CAST 工艺流程（脱氮或除磷脱氮）

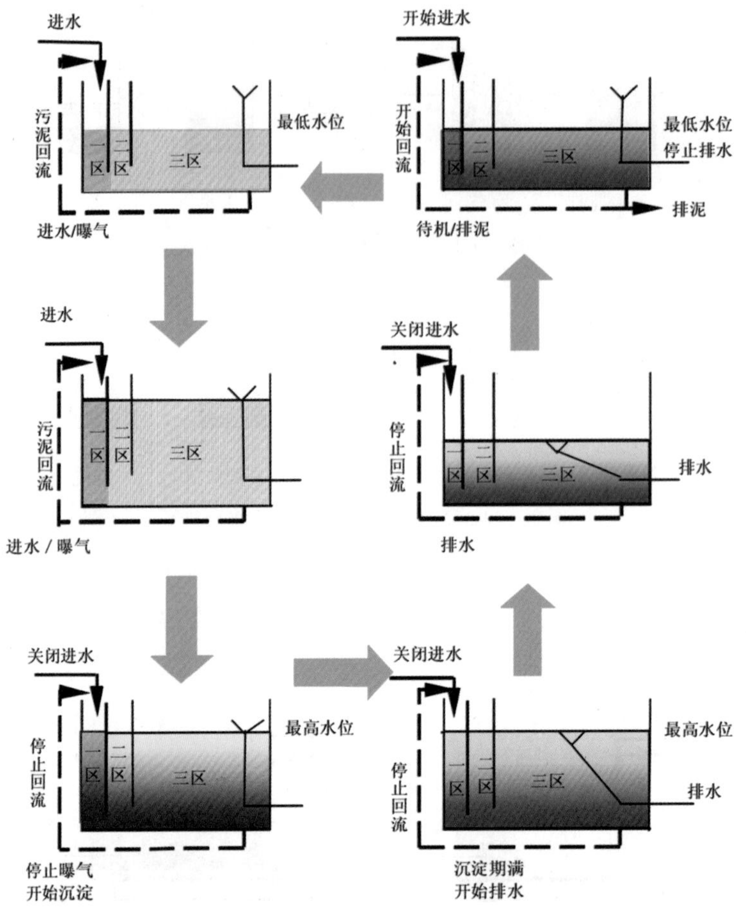

图 98　CASS 或 CAST 工艺流程（除磷脱氮）

CASS 或 CAST 仅要求脱氮时，反应池设计应符合下列规定：反应池一般分为两个反应区，一区为缺氧生物选择区，二区为好氧区（图 97）；反应池缺氧区内的溶解氧浓度小于 0.5mg/L，进行反硝化反应；反应池缺氧区的有效容积宜占反应池总有效容积的 20%；反应池内好氧区混合液回流至缺氧区，回流比应根据试验确定，不宜小于 20%。

CASS 或 CAST 要求除磷脱氮时，反应池设计应符合下列规定：反应池一般分为 3 个反应区，一区为厌氧生物选择区，二区为缺氧区，三区为好氧区；反应池也可以分为两个反应区，一区为缺氧（或厌氧）生物选择区，二区为好氧区；反应池缺氧区内的溶解氧浓度小于 0.5mg/L，进行反硝化反应，其有效容积宜占反应池总有效容积的 20%；反应池厌氧生物选择区溶解氧为 0，嗜磷菌释放磷，其有效容积宜占反应池总有效容积的 5%～ 10%；反应池内好氧区混合液回流至厌氧生物选择区，回流比应根据试验确定，不宜小于 20%。

(3) SBR 法的其他变形工艺

1)连续和间歇曝气工艺(DAT-IAT)　DAT-IAT 反应池由一个连续曝气池(DAT)和一个间歇曝气池(IAT)串联而成，工艺如图 99。

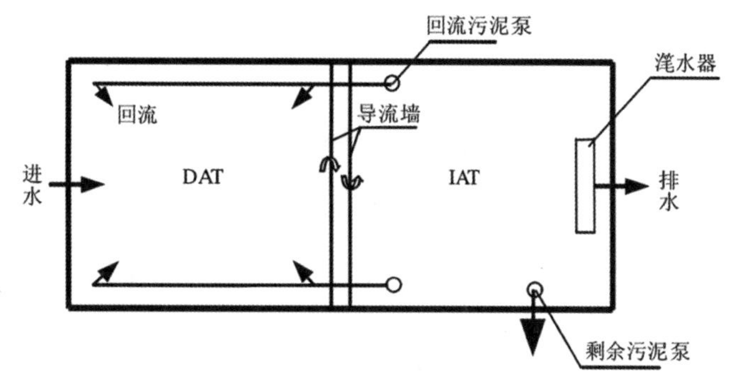

图 99　DAT-IAT 工艺流程

DAT 连续进水、连续曝气、连续出水，出水经配水导流墙流入 IAT。DAT 的溶解氧浓度控制在 1.5 ～ 2.5mg/L。IAT 连续进水，曝气、沉淀、排水 3 个阶段循环，一般周期 3h，每个阶段 1h，在曝气、沉淀阶段进行混合液回流，回流比 1 ：(200 ～ 400)；曝气阶段可进行剩余污泥的排除。

2)交替式内循环活性污泥法(AICS)　AICS 基本工艺由一个四格连通的反应池组成，如图 100 所示。各格反应池进水、曝气、沉淀、出水的工作按图中 A、B、C、D 程序进行。

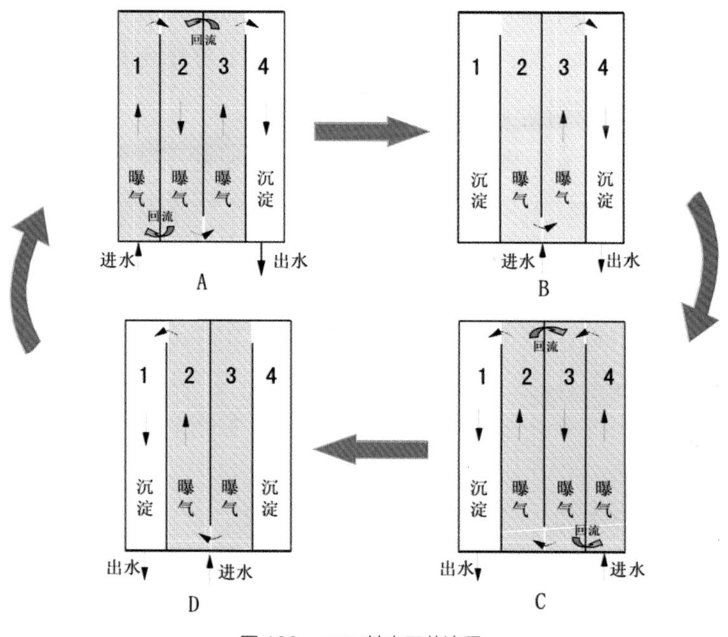

图 100　AICS 基本工艺流程

3. 设计参数

SBR反应池的设计参数包括周期数、充水比、需氧量、污泥负荷、产泥量、污泥浓度、污泥龄等。SBR的设计应符合HJ 577—2010和相关工艺类工程技术规范的规定。

案例介绍

SBR工艺在猕猴养殖场废水处理中的应用

作为实验动物环境设施排水的系统和设备应从保护动物居住环境，防止微生物污染设施以及防止实验动物的排泄物、生物、化学等有害物污染外环境，保护人类自然环境的两个方面出发，进行科学、合理的规划建设和运行，保证达到国家排放标准后方可排入城市污水排放系统。猕猴饲养场的废水中含有粪便、废饲料、微生物、寄生虫卵、被毛、皮屑和一些有害化学物质，根据《污水综合排放标准》（GB 8978—1996）二级排放标准要求，选用SBR处理工艺对猕猴饲养场污水进行处理，提高了污水处理质量，达到排放要求。

1. 采用方法及工艺

（1）养殖场废水基本情况　猕猴养殖场废水主要是冲洗笼舍、动物粪便水，含有粪便、废饲料、微生物、寄生虫卵、被毛、皮屑等有机物，废水排放量约为40m^3/d，且在每天上午9～11点集中排放，废水由昆明市环境监测中心进行检测，其原水情况见表9。

表9　养殖场废水原水质情况表

检测项目	化学需氧量（mg/L）	氨氮（mg/L）	酸磷盐（mg/L）	动植物油（mg/L）	悬浮物（mg/L）	余氯（mg/L）	粪大肠菌群（个/L）	pH
监测结果	963	44.75	9.70	12.4	920	—	≥ 24 000	7.3

(2)设备及工艺流程

1)工艺流程(图 101 所示)。

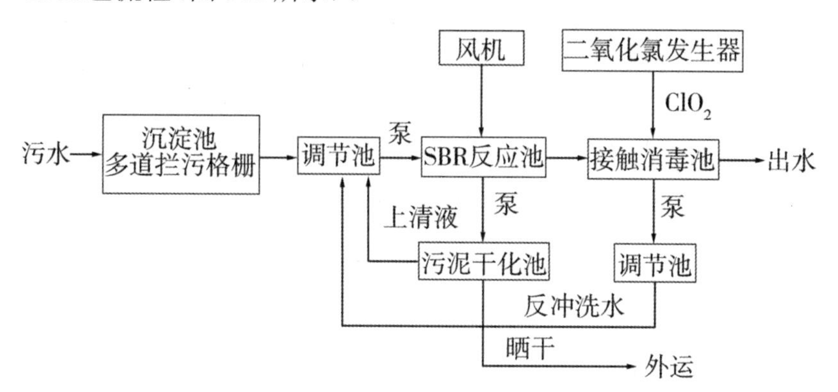

图 101　废水处理流程

2)主要设备及其特点　沉淀池及多道拦污格栅：用于去除大部分动物毛、食物、粪便等悬浮物，进行污水的预处理。调节池：池底部安装 AS30-2W/CB 潜污泵一台。用于调节水量，使出水均匀，其内潜污泵用于提升污水。SBR 反应池：正常情况下储有适量活性污泥；池内安装有由曝气风管、微孔曝气头等组成的曝气系统；由排水管及蝶阀等构成的排水系统；用于进行污水的生物工程，排出处理后的水；其内潜污泵用于排出多余的污泥。风机房：用于保护风机，降低噪声；其内风机用于向污水输送干净空气。污泥干化池：用于储存剩余污泥，排出上清液。接触消毒池：用于使二氧化氯和水充分接触，消毒杀菌效果；其内潜污泵用于提升池内的水到过滤池或排放口。过滤池：用于过滤未达标的接触消毒池的水。

2. 运行效果

该系统投入运行后，由昆明市环境监测中心进行检测，出水清澈透明，无异味，水质各项指标优于《污水综合排放标准》(GB 8978—1996)二级排放标准，结果见表 10。

表 10　SBR 工艺处理前后水质情况

检测项目	化学需氧量（mg/L）	氨氮（mg/L）	酸磷盐（mg/L）	动植物油（mg/L）	悬浮物（mg/L）	余氯（mg/L）	粪大肠菌群（个/L）	pH
进口	963	44.75	9.70	12.4	920	—	≥ 24 000	7.3
出口	17	3.264	0.211	0.13	4	5.9	< 20	7.96
GB 8978—1996 二级排放标准	150	25	1.0	20	200	> 3	1 000	6 ~ 9
超标准（%）	0	0		0	0	0	0	
净化率（%）	98.23	92.71	97.82	98.95	99.56			

三、好氧生物滤池

1. 工艺特点

生物滤池法：依靠污（废）水处理构筑物内填装的填料的物理过滤作用，以及填料上附着生长的生物膜的好氧氧化、缺氧反硝化等生物化学作用联合去除污（废）水中污染物的人工处理技术，常见的包括低负荷生物滤池法、高负荷生物滤池法、塔式生物滤池法和曝气生物滤池法。低负荷生物滤池法：滤料粒径较大、自然通风供氧且进水 BOD_5 容积负荷较低（通常不大于 0.4kg/（m^3 • d）的一种生物滤池，又称普通生物滤池或滴滤池。高负荷生物滤池法：在低负荷生物滤池的基础上，通过限制进水 BOD_5 含量并采取处理出水回流等技术获得较高的滤速，将 BOD_5 容积负荷提高 6 ～ 8 倍，同时确保 BOD_5 去除率不发生显著下降的一种生物滤池。塔式生物滤池法：构筑物呈塔式，塔内分层布设轻质滤料（填料），污（废）水由上往下喷淋过程中，与滤料上生物膜及自下向上流动的空气充分接触，使污（废）水获得净化的一种生物滤池。曝气生物滤池法：由接触氧化和过滤相结合的一种生物滤池，采用人工曝气、间歇性反冲洗等措施，主要完成有机污染物和悬浮物的去除。

2. 适用范围

生物滤池应采用自然通风方式供应空气，应按组修建，每组由 2 座滤池组成，一般为 6 ～ 8 组。曝气生物滤池适用于深度处理或生活污水的二级处理。

进入生物滤池的污（废）水应具有较好的可生化性，BOD_5/COD_{Cr} 的比值宜大于 0.3，pH 宜为 6.5 ～ 9.5，水温宜为 12 ～ 35℃。污（废）水营养组合比（BOD_5 ：氮：磷）宜为 100 ：5 ：1，且水中不应含对微生物有抑制和毒害作用的污染物。当进入生物滤池的污（废）水中含有大颗粒悬浮物、油脂、沙砾、纤维物、影响生化处理的物质时，或进水水质与生活污水水质有较大差异，污（废）水可生化性较差时，应根据进水水质采取适当的预处理或前处理。当进水水质、水量波动较大时，应设置调节设施。污水处理有除氨氮要求时，进水总碱度（以碳酸钙计）/ 氨氮（NH_3—N）的比值宜不小于 7.14，且好氧池（区）剩余碱度宜大于 70mg/L，不满足上述条件时宜补充碱度。污水处理有脱总氮要求时，反硝化要求进水的易降解碳源 BOD_5/ 总凯氏氮比值应大于 4.0，总碱度（以碳酸钙计）/ 氨氮（NH_3—N）的比值宜不小于 3.6，不满足上述条件时，应合理补充碳源或碱度。污水处理有除磷要求时，进水 BOD_5/ 总磷的比值不宜小于 17.0。生物滤池中对于出水总磷浓度达不到设计要求时，可采用其他方式除磷，如化学除磷等。

3. 工艺流程与设计参数

（1）低负荷生物滤池

1）一般规定　低负荷生物滤池适用于小规模的污（废）水处理，并且根据污（废）水的水质条件，滤池前宜设沉沙池、初次沉淀池或混凝沉淀池、除油池、厌氧水解池等预处理或前处理设施。低负荷生物滤池进水的五日生化需氧量值宜控制在 200mg/L 以下，高于此值时，宜将处理出水回流，以稀释进水有机物浓度。

2）设计参数与要求　低负荷生物滤池的平面形状宜为圆形或矩形。低负荷生物滤池的个数或分格数应不少于 2 个，并按同时工作设计。

低负荷生物滤池的滤料应耐腐蚀、强度高、比表面积大、空隙率高，尽可能就地取材。一般宜采用碎石、卵石、炉渣、焦炭等无机滤料。用作滤料的塑料制品应具有较好的抗氧化性。采用碎石类滤料时，应符合下列要求：滤池下层滤料粒径宜为 60 ～ 100mm，层厚 0.2m；上层滤料粒径宜为 30 ～ 50mm，层厚 1.3 ～ 1.8m；采用碎石类滤料的滤池处理城市污水或与城市污水水质相近的工业废水时，常温下，水力负荷以滤池面积计，宜为 1.0 ～ 3.0m^3/（m^2 • d）；五日生化需氧量容积负荷以滤料体积计，宜为 0.15 ～ 0.3kgBOD_5/（m^3 • d）。

低负荷生物滤池的布水可采用固定布水系统，由投配池、配水管网和喷嘴 3 部分组成。借助投配池的虹吸作用，使得布水过程自动间歇进行。喷洒周期一般为 5 ～ 15min。安装在配水管上的喷嘴应该高出滤料表面 0.15 ～ 0.20m，喷嘴口径通常为 15 ～ 20mm。

低负荷生物滤池应采用自然通风方式进行供氧，滤池底部空间的高度不应小于 0.6m，沿滤池池壁四周下部应设置自然通风孔，其总面积不应小于池表面积的 1%。

低负荷生物滤池的池底应设 1%～ 2%的相对坡度坡向集水沟，集水沟以 0.5%～ 2%的相对坡度坡向总排水沟，总排水沟的坡度不宜小于 0.5%，并有冲洗底部排水渠的措施。

（2）高负荷生物滤池

1）一般规定　高负荷生物滤池适用于中小规模的污（废）水处理，并且根据污（废）水水质条件，滤池前宜设沉沙池、初次沉淀池或混凝沉淀池、除油池、厌氧水解池等预处理或前处理设施。宜采用单级滤池系统，如原污水污染物浓度较高且对处理水质要求较高时，可采用两级滤池系统。

高负荷生物滤池进水的五日生化需氧量值应控制在 300mg/L 以下，否则宜用生物滤池处理出水回流，回流比经计算求得。当进水污染物浓度较高或者含有一定的对微生物有毒成分的污（废）水时，也应进行回流。

2）设计参数与要求　高负荷生物滤池的平面形状宜采用圆形。高负荷生物滤池宜常采用旋转布水装置。滤料层和承托层的总高度宜为 2.0 ～ 4.0m。当采用自然通风时，滤料层高度应不大于 2.0m；当滤料层高度超过 2.0m 时，应采取人工强制通风措施。高负荷生物滤池宜采用碎石或塑料制品作滤料，当采用碎石类滤料时，应符合下列要求：滤池下层滤料粒径宜为 70 ～ 100mm，厚 0.2m；上层滤料粒径宜为 40 ～ 70mm，厚度不宜大于 1.8m；处理城市污水时，常温下，水力负荷以滤池面积计宜为 10 ～ 36m^3/（m^2 • d）；五日生化需氧量容积负荷以滤料体积计，不宜大于 1.8kgBOD_5/（m^3 • d）。

(3)塔式生物滤池

1)一般规定　塔式生物滤池的处理规模不宜超过 10 000m^3/d，并且根据污(废)水的水质条件，滤池前宜设沉沙池、初次沉淀池或混凝沉淀池、除油池、厌氧水解池等预处理或前处理设施。塔式生物滤池进水的五日生化需氧量应控制在 500mg/L 以下，否则处理出水应回流。

2)设计参数与要求

塔式生物滤池的平面形状宜采用圆形，宜用砖混、钢筋混凝土或钢板制成。塔式生物滤池直径宜为 1.0 ～ 3.5m，直径与高度之比宜为 1 ：（6 ～ 8）；滤料层厚度宜根据试验资料确定，宜为 8 ～ 12m。塔式生物滤池水力负荷和五日生化需氧量容积负荷应根据试验资料确定。无试验资料时，水力负荷宜为 80 ～ 200m^3/（m^2•d），五日生化需氧量容积负荷宜为 1.0 ～ 3.0kgBOD_5/（m^3•d）塔式生物滤池的滤料应采用轻质材料，可采用的有聚乙烯波纹板、玻璃钢蜂窝和聚苯乙烯蜂窝等。塔式生物滤池滤料应分层，每层高度不宜大于 2m，分层处宜设栅条，层与层的间距宜为 0.2 ～ 0.4m。塔顶宜高出滤料层 0.5m。塔式生物滤池各层应设观察孔、取样孔及入孔，并设置相应的操作平台。塔式生物滤池宜采用自然通风。当污水含有易挥发的有毒物质时，应采用人工通风，尾气应经处理并达到相关标准后才能排放。大中型塔式生物滤池的布水装置宜采用旋转布水器，小型滤池宜采用固定多孔管或喷嘴布水。塔式生物滤池底部应设置集水池，集水池最高水位与最下层滤料底面之间的高度不应小于 0.5m。集水池水面以上应沿四周设置自然通风孔，其总面积不应小于池表面积的 7.5%～ 10%。

3)设计参数与要求　高负荷生物滤池的平面形状宜采用圆形。高负荷生物滤池宜常采用旋转布水装置。滤料层和承托层的总高度宜为 2.0 ～ 4.0m。当采用自然通风时，滤料层高度不应大于 2.0m；当滤料层高度超过 2.0m 时，应采取人工强制通风措施。高负荷生物滤池宜采用碎石或塑料制品作滤料，当采用碎石类滤料时，应符合下列要求：滤池下层滤料粒径宜为 70 ～ 100mm，厚 0.2m；上层滤料粒径宜为 40 ～ 70mm，厚度不宜大于 1.8m；处理城市污水时，常温下，水力负荷以滤池面积计宜为 10 ～ 36m^3/（m^2•d）；五日生化需氧量容积负荷以滤料体积计，不宜大于 1.8kgBOD_5/（m^3•d）。

(4)曝气生物滤池

1)一般规定　根据污(废)水的水质条件，曝气生物滤池(图 102)前宜设沉沙池、初次沉淀池或混凝沉淀池、除油池、厌氧水解池等预处理或前处理设施，进水的悬浮固体浓度不宜大于 60mg/L。根据处理污染物不同，曝气生物滤池可分为碳氧化、硝化、后置反硝化或前置反硝化等。碳氧化、硝化和反硝化可在单级曝气生物滤池内完成，也可分别在多级曝气生物滤池内完成。曝气生物滤池应具备防止滤头堵塞和防止滤料流失的措施。曝气生物滤池宜以钢筋混凝土筑造为主，并考虑防渗、防漏措施。曝气生物滤池反冲洗排水应根据处理规模、单格滤池每次反冲洗水量等因素，合理设置反冲洗排水缓冲池。滤池的进、出水液位差应该根据配水形式、滤速和滤料层水头损失确定，其差值不宜小于 1.8m。当曝气生物滤池出水悬浮固体满足后续处理或排放标准要求时，可不设沉淀或过滤设施。

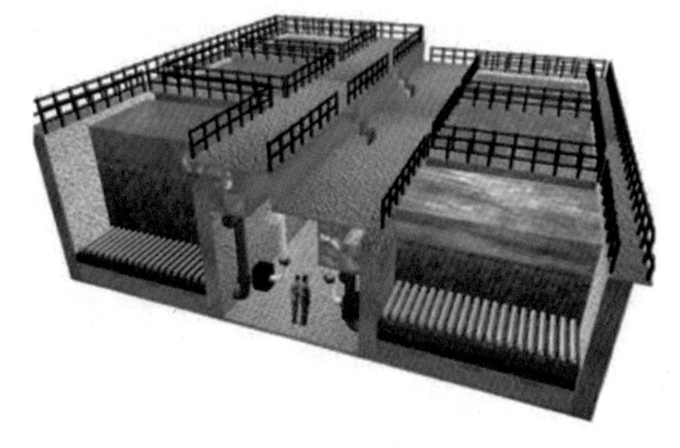

图 102　曝气生物滤池

2)工艺流程　主要去除污水中含碳有机物时，宜采用单级碳氧化曝气生物滤池(以下简称碳氧化滤池)工艺，工艺流程见图 103。

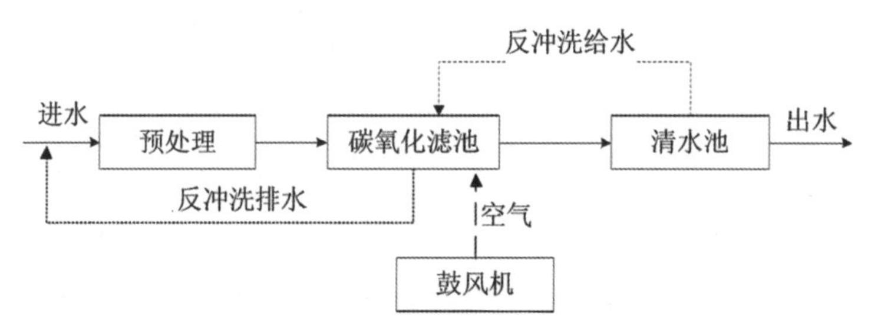

图 103　碳氧化滤池工艺流程

要求去除污水中含碳有机物并完成氨氮的硝化时可采用碳氧化滤池工艺流程，并适当降低负荷；也可采用碳氧化滤池和硝化曝气生物滤池（以下简称硝化滤池）两级串联工艺，工艺流程见图104。

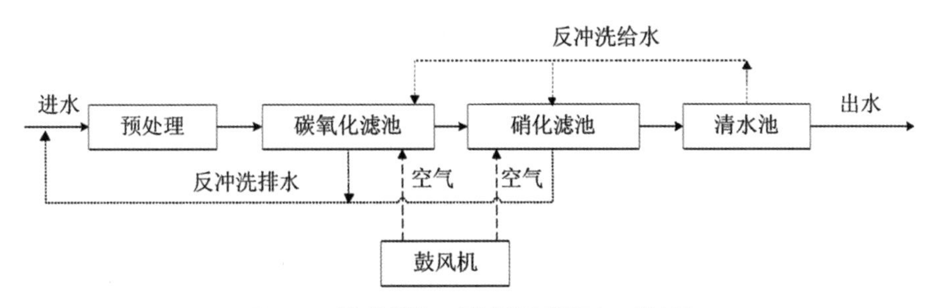

图104　碳氧化滤池＋硝化滤池两级组合工艺流程

当进水碳源充足且出水水质对总氮去除要求较高时，宜采用前置反硝化滤池+硝化滤池组合工艺，见图105。

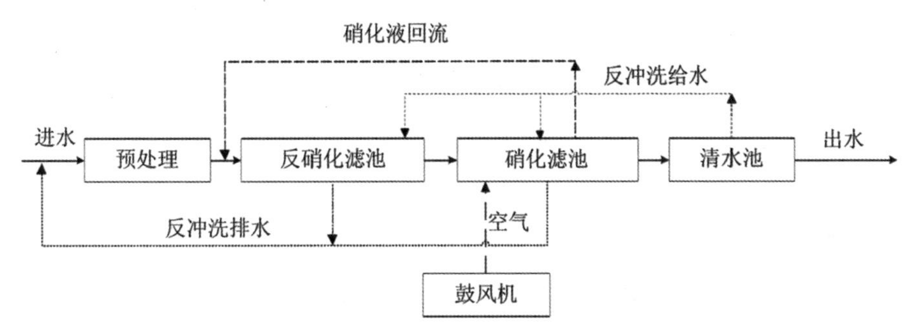

图105　前置反硝化滤池＋硝化滤池两级组合工艺流程

当进水总氮含量高、碳源不足而出水对总氮要求较严时可采用后置反硝化工艺，同时外加碳源，见图106；或者采用前置反硝化滤池，同时外加碳源，见图107。前置反硝化的生物滤池工艺中硝化液回流率可具体根据设计 NO_3-N 去除率以及进水碳氮比等确定。外加碳源的投加量需经过计算确定。

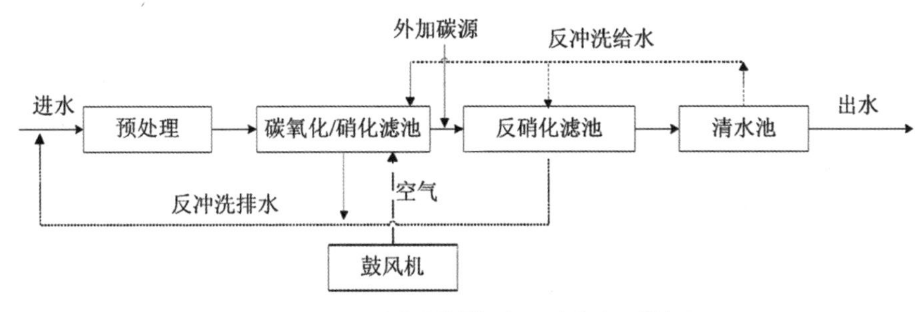

图106　后置反硝化滤池外加碳源两级组合工艺流程

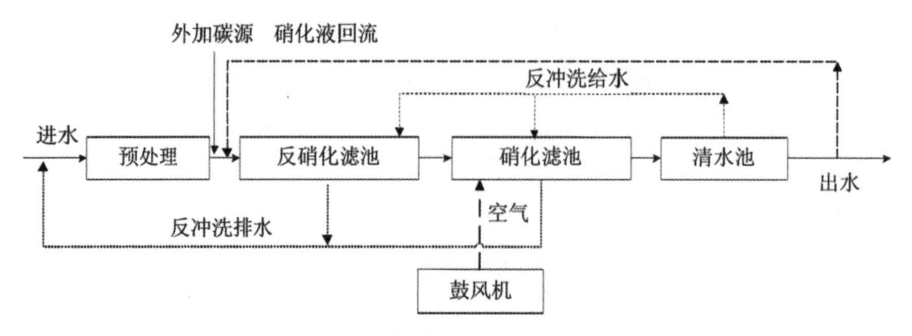

图 107　前置反硝化滤池外加碳源两级组合工艺流程

3)池体设计参数　曝气生物滤池宜采用上向流进水。曝气生物滤池的平面形状可采用正方形、矩形或圆形。曝气生物滤池在滤池截面积过大时应分格，分格数不应少于 2 格。单格滤池的截面积宜为 50 ～ 100m^2。曝气生物滤池下部宜选用机械强度高和化学稳定性好的卵石作承托层，并按一定级配布置。出水系统可采用周边出水或单侧堰出水，反冲洗排水和出水槽(渠)宜分开布置。应设置出水堰板等装置，防止反冲洗时滤料流失并且调节出水平衡。

曝气生物滤池的容积负荷和水力负荷宜根据试验资料确定，无试验资料时，可采用经验数据或按表 11 的参数取值。

表 11　曝气生物滤池工艺主要设计参数

种类	容积负荷	水力负荷（滤速）	空床水力停留时间
碳氧化滤池	3.0 ~ 6.0kg BOD_5/（m^3 · d）	2.0 ~ 10.0m^3/（m^2 · h）	40 ~ 60min
硝化滤池	0.6 ~ 1.0kg NH_3—N/（m^3 · d）	3.0 ~ 12.0m^3/（m^2 · h）	30 ~ 45min
碳氧化 / 硝化滤池	1.0 ~ 3.0kg BOD_5/（m^3 · d） 0.4 ~ 0.6kg NH_3—N/（m^3 · d）	1.5 ~ 3.5m^3/（m^2 · h）	80 ~ 100min
前置反硝化滤池	0.8 ~ 1.2kg NO_3—N/（m^3 · d）	8.0 ~ 10.0m^3/（m^2 · h）（含回流）	20 ~ 30min
后置反硝化滤池	1.5 ~ 3.0kg NO_3—N/（m^3 · d）	8.0 ~ 12.0m^3/（m^2 · h）	20 ~ 30min

注：1. 设计水温较低、进水浓度较低或出水水质要求较高时，有机负荷、硝化负荷、反硝

化负荷应取下限值。

2. 反硝化滤池的水力负荷、空床停留时间均按含硝化液回流水量确定，反硝化回流比应根据总氮去除率确定。

碳氧化滤池和硝化滤池出水中的溶解氧宜控制在 0.3 ～ 3.0mg/L。

（四）氧化沟技术

1. 工艺特点

氧化沟技术（图 108）指反应池呈封闭无终端循环流渠形布置，池内配置充氧和推动水流设备的活性污泥法污水处理方法。主要工艺包括单槽氧化沟、双槽氧化沟、三槽氧化沟、竖轴表曝机氧化沟和同心圆向心流氧化沟，变形工艺包括一体化氧化沟、微孔曝气氧化沟。

图 108　氧化沟

2. 工艺流程

氧化沟技术宜采用以下流程(图 109)：

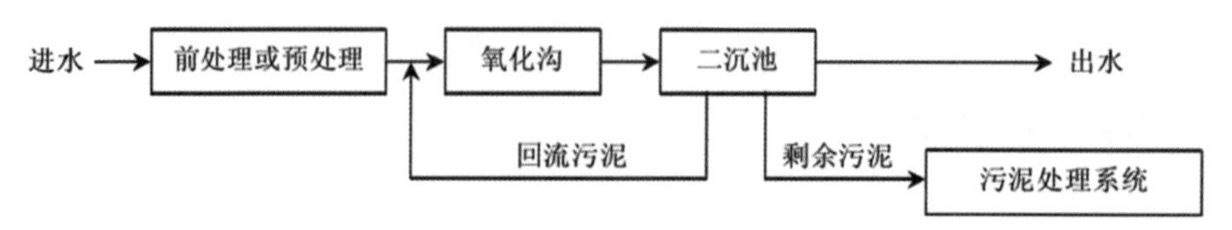

图 109 氧化沟工艺流程

可根据场地、水质、水量等因素采用不同的沟型。

(1)氧化沟活性污泥法的主要工艺类型

1)单槽氧化沟系统　单槽氧化沟系统由一座氧化沟和独立的二沉池组成。沉淀污泥一部分通过回流污泥设施提升至氧化沟进水处与污水混合，剩余污泥通过剩余污泥设施提升至剩余污泥处理系统处理。典型工艺流程见图 110。

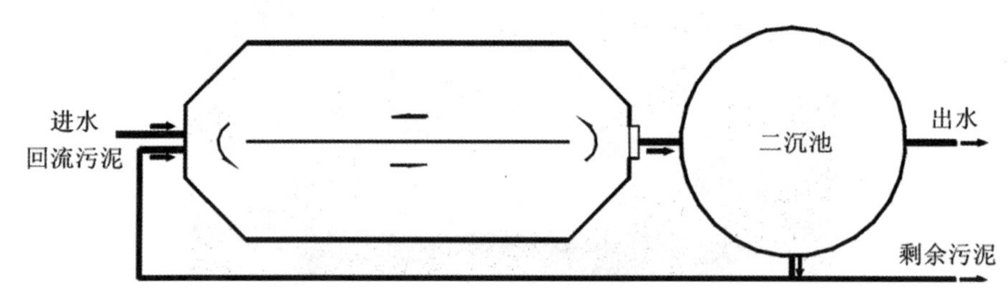

图 110 单槽氧化沟工艺流程

单槽氧化沟系统适用于以去除碳源污染物为主，对脱氮、除磷要求不高，属小规模污水处理系统。

2)双槽氧化沟系统　双槽氧化沟系统由厌氧池、两座串联的氧化沟和独立的二沉池组成。沉淀污泥一部分通过回流污泥设施提升至厌氧池进水处与污水混合，剩余污泥通过剩余污泥设施提升至剩余污泥处理系统处理。典型工艺流程见图 111。

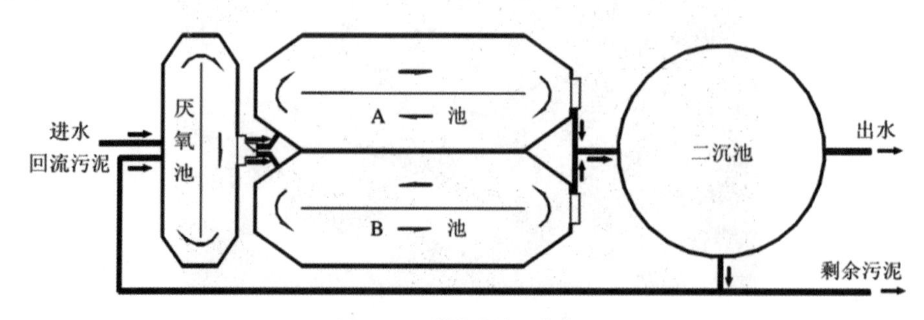

图 111 双槽氧化沟工艺流程

双槽氧化沟系统可实现生物脱氮除磷，当除磷要求不高时，可不设厌氧池。污水和回流污泥混合液进入氧化沟之前应设切换设备，氧化沟出水井处应设可调堰门。双槽氧化沟一个周期的运行过程可分为3个阶段：一阶段，A池进水、缺氧运行，B池好氧运行、出水；二阶段，进水井切换进水，出水井延时切换出水堰门；三阶段，B池进水、缺氧运行，A池好氧运行、出水。

3）三槽氧化沟系统　三槽氧化沟系统由厌氧池和三座串联的氧化沟组成。沉淀污泥一部分通过回流污泥设施提升至厌氧池进水处与污水混合，剩余污泥通过剩余污泥设施提升至剩余污泥处理系统处理。典型工艺流程见图112。

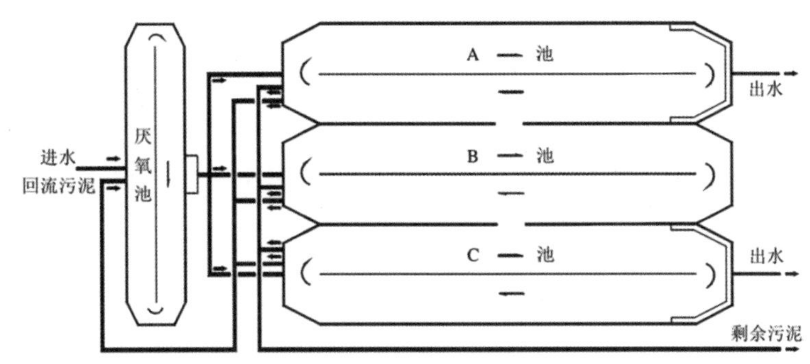

图112　三槽氧化沟工艺流程

当系统不设厌氧池时，可不设污泥回流系统。三槽氧化沟系统可实现生物脱氮除磷，当除磷要求不高时，可不设厌氧池和污泥回流系统。污水或污水和回流污泥混合液进入氧化沟之前应设切换设备，A池和C池出水处应设可调堰门。三槽氧化沟一个周期的运行过程包括6个阶段，每个周期可设为8h：一阶段(1.5h)：A池进水、缺氧运行，B池好氧运行，C池沉淀出水；二阶段(1.5h)：A池好氧运行，B池进水、好氧运行，C池沉淀出水；三阶段(1.0h)：A池静沉，B池进水、好氧运行，C池沉淀出水；四阶段(1.5h)：A池沉淀出水，B池好氧运行，C池进水、缺氧运行；五阶段(1.5 h)：A池沉淀出水，B池进水、好氧运行，C池好氧运行；六阶段(1.0h)：A池沉淀出水，B池进水、好氧运行，C池静沉。三槽氧化沟宜采用曝气转刷充氧。仅采用转盘的氧化沟工作水深宜为3.0～3.5m。三槽氧化沟容积计算应考虑沉淀所需容积。

4）竖轴表曝机氧化沟系统　竖轴表曝机氧化沟系统由厌氧池、缺氧池和多沟串联的氧化沟(即好氧池)和独立的二沉池组成。好氧池混合液宜通过内回流门回流至缺氧池。沉淀污泥一部分通过回流污泥设施提升至厌氧池进水处与污水混合，剩余污泥通过剩余污泥设施提升至剩余污泥处理系统处理。典型工艺流程见图 113。

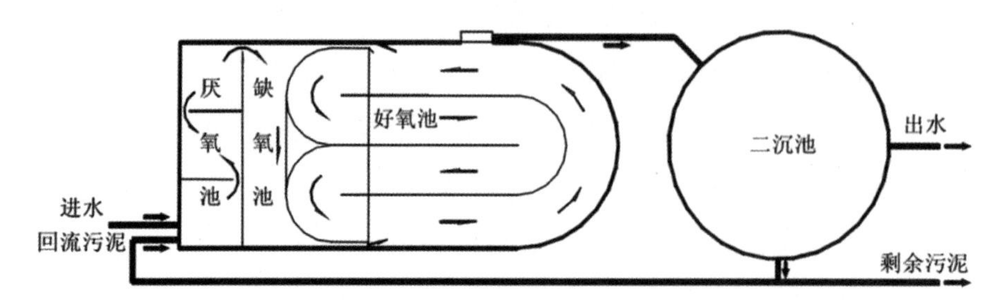

图 113 竖轴表曝机氧化沟工艺流程

竖轴表曝机氧化沟系统可实现生物脱氮除磷。竖轴表曝机氧化沟系统可根据去除碳源污染物、脱氮、除磷等不同要求选择不同组合：主要去除碳源污染物时可只设好氧池；生物除磷时可采用厌氧池 + 好氧池；生物脱氮时可采用缺氧池＋好氧池。竖轴表曝机氧化沟宜采用竖轴表曝机充氧。仅采用竖轴表曝机的氧化沟工作水深宜为 3.5 ～ 5.0m。

5）同心圆向心流氧化沟系统　同心圆向心流氧化沟系统由多个同心的圆形或椭圆形沟渠和独立的二沉池组成。污水和回流污泥先进入外沟渠，在与沟内混合液不断混合、循环的过程中，依次进入相邻的内沟渠，最后由中心沟渠排出。沉淀污泥一部分通过回流污泥设施提升至厌氧池进水处与污水混合，剩余污泥通过剩余污泥设施提升至剩余污泥处理系统处理。典型工艺流程见图 114。

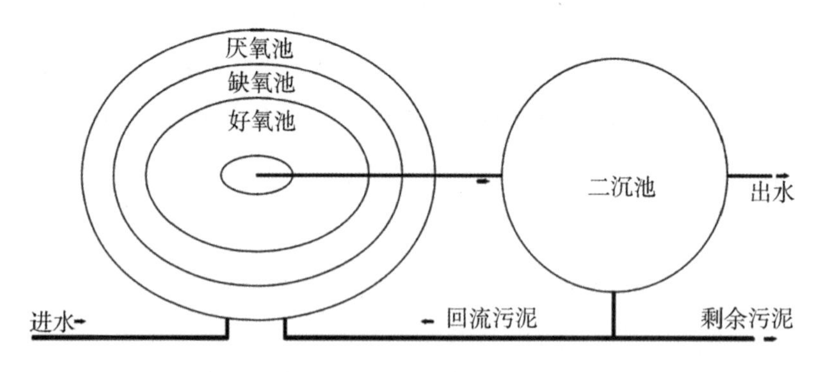

图 114 同心圆向心流氧化沟工艺流程

同心圆向心流氧化沟系统可实现生物脱氮除磷。外沟宜设为厌氧状态，中沟宜设为缺氧状态，内沟宜设为好氧状态。同心圆向心流氧化沟宜采用曝气转盘充氧。仅采用转盘的氧化沟工作水深不宜超过 4.0m。

(2)氧化沟活性污泥法的其他变形工艺类型

图 115　一体化氧化沟

1)一体化氧化沟技术　一体化氧化沟(115)技术指将二沉池设置在氧化沟内，用于进行泥水分离，出水由上部排出，污泥则由沉淀区底部的排泥管直接排入氧化沟内。一体化氧化沟不设污泥回流系统。典型工艺流程见图 116。

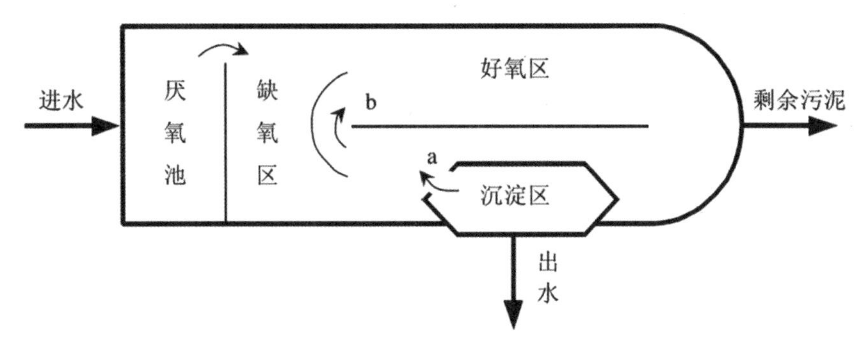

a. 无泵污泥自动回流　b. 水力内回流

图 116　一体化氧化沟工艺流程

2)微孔曝气氧化沟技术　微孔曝气氧化沟(图 117)系统由采用微孔曝气的氧化沟和分建的沉淀池组成。氧化沟内采用水下推流的方式，水深宜为 6m。供氧设备宜为鼓风机。典型工艺流程见图 118。

117　微孔曝气氧化沟

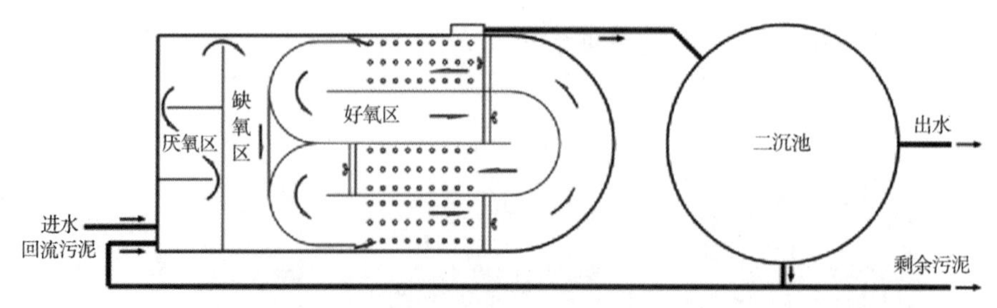

图 118　微孔曝气氧化沟工艺流程

单槽氧化沟、双槽氧化沟、竖轴表曝机氧化沟、同心圆向心流氧化沟、微孔曝气氧化沟宜单独设置二沉池；三槽氧化沟不宜设置单独的二沉池。二沉池的设计应符合 GB 50014 的规定。

3. 适用范围

氧化沟与其他活性污泥法相比，具有占地大、投资高、运行费用也略高的缺点，适用于土地资源较丰富地区；在寒冷地区，低温条件下，反应池表面易结冰，影响表面曝气设备的运行，因此不宜用于寒冷地区。

氧化沟可与二次沉淀池分建或合建，其前端可设置生物选择池。当有两组及以上平行工作的氧化沟时，宜设置进水配水井。

4. 设计参数

氧化沟设计参数包括污泥负荷、污泥龄、污泥浓度、回流比、需氧量、水力停留时间、总处理效率等。氧化沟的设计应符合 HJ 578—2010 和相关工艺类工程技术规范的规定。

Ⅲ 自然生物处理技术

一、稳定塘

1. 工艺特点

稳定塘：以塘为主要构筑物，利用自然生物群体净化污水的处理设施。根据塘水中的溶解氧量和生物种群类别及塘的功能，可分为厌氧塘、兼性塘、好氧塘、曝气塘、生物塘。根据处理后达到的水质标准，可分为常规处理塘和深度处理塘。好氧塘：塘水在有氧状态下，净化污水的稳定塘。兼性塘：塘水在上层有氧、下层无氧的状态下，净化污水的稳定塘。厌氧塘：塘水在无氧状态下，净化污水的稳定塘。

2. 设计参数

厌氧塘、兼性塘、好氧塘、曝气塘、水生植物塘、养鱼塘、生态塘应按 BOD_5 表面负荷确定水面面积。厌氧塘亦可按 BOD_5 容积负荷设计，完全曝气塘亦可按 BOD_5 污泥负荷进行设计。控制出水塘宜按其前置处理设施的实际处理流量与受纳水体季节允许排放污水流量之差设计。为农灌储存用水的控制出水塘可按农灌需水量进行设计。完全储存塘应按全年进塘水量与塘水表面全年净蒸发量达到平衡进行设计。

（1）好氧塘　好氧塘可由数座塘串联构成塘系统，也可采用单塘。作为深度处理塘的好氧塘总水力停留时间应大于 15d。好氧塘可采取设置充氧机械设备、种植水生植物和养殖水产品等强化措施。

（2）兼性塘　兼性塘可与厌氧塘、曝气塘、好氧塘、水生植物塘等组合成多级系统，也可由数座兼性塘串联构成塘系统。兼性塘系统可采用单塘，在塘内应设置导流墙。兼性塘内可采取加设生物膜载体填料、种植水生植物和机械曝气等强化措施。

（3）厌氧塘　厌氧塘并联数目不宜少于 2 座。处理高浓度有机废水时，宜采用二级厌氧塘串联运行。在人口密集区不宜采用厌氧塘。厌氧塘可采取加设生物膜载体填料、塘面覆盖和在塘底设置污泥消化坑等强化措施。厌氧塘应从底部进水和淹没式出水，当采用溢流出水时在堰和孔口之间应设置挡板。

二、土地处理系统

污水土地处理系统就是利用土壤—微生物—植物系统的陆地生态系统的自我调控机制和对污染物的综合净化功能处理城市污水及一些工业废水，使水质得到不同程度改善，同时通过营养物质和水分的生物地球化学循环，促进绿色植物生长并使其增产，实现废水资源化与无害化的常年性生态系统工程。其工艺流程简单表示如图 119 所示。

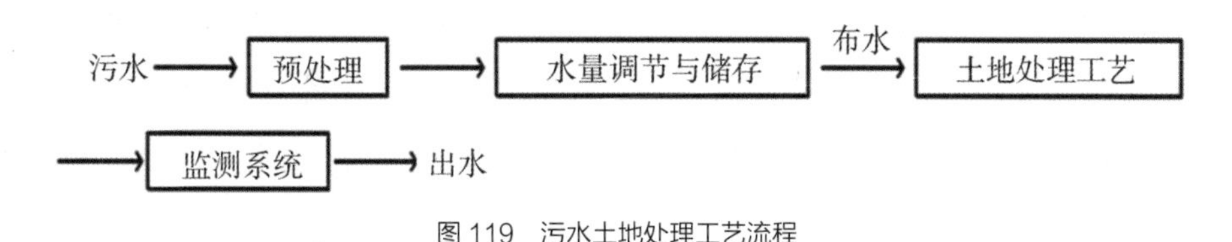

图 119　污水土地处理工艺流程

污水土地处理系统的处理机制十分复杂，是利用土壤以及其中的微生物和植物对污染物进行综合净化，使有机物转化为无机物，有毒物质变成无毒物质并被生物吸收，这一过程包含了物理过滤、物理吸附、物理沉积、物理化学吸附、化学反应和化学沉淀、微生物对有机物的降解等作用，对于不同的污染物，有不同的作用。

根据处理目标、处理对象的不同，将污水土地处理系统分为快速渗滤、慢速渗滤、地表漫流、湿地处理、地下渗滤5种主要工艺类型。

1. 快速渗滤系统

将污水有控制地投配到具有良好渗滤性能的土壤表面，污水通过重力作用在向下渗滤过程中经过生物氧化、硝化、反硝化、过滤、沉淀和还原等一系列作用而得到净化的污水处理工艺类型。地下渗滤与中水回用系统结合是解决系统冬季稳定运行的工艺，投资省，处理费用低，系统耐冲击负荷大，渗透率可达152m/年。出水水质好，回收率高，效果达三级处理水平。

该系统以处理污水和回用利用污水为目标。适用于土层较厚（大于1.5m），渗透性能良好的粗质地土层，如亚砂土、沙质土等。要求地下水深在2.5m以上，地面有一定的坡度，距离人口密集区有一定的距离。

2. 慢速渗滤系统

将污水投配到植物的土壤表面，污水在流经地表土壤—植物系统时得到充分净化的处理工艺类型。针对不同地区的土壤、植被、气候以及社会经济条件，因地制宜将污水处理与当地生态建设结合起来，工程投资、运行成本低于常规二级处理，效果达到三级处理水平。

该系统适用于轻质土壤，如沙土、沙壤土、壤土，一般是间歇性投配污水，以保持较高的渗透率，可达3.3～150m/年。在干旱地区，用污水代替清洁水进行灌溉，可以开发荒地，发展草地和林区。值得注意的是，该系统对水质预处理的要求较高。

3. 地表漫流系统

将污水有控制地投配到生长多年生牧草、坡度和缓、土地渗透性能低的坡面上，使污水在地表沿坡面缓慢流动过程中得以充分净化的污水处理工艺类型。

适用于透水性较差的黏重土壤，地表平坦并有均匀且适宜的坡度（2%～6%），渗透率为1.5～7.5m/年。

三、湿地系统

人工湿地(图 120)指用人工筑成水池或沟槽，底面铺设防渗漏隔水层，充填一定深度的基质层，种植水生植物，利用基质、植物、微生物的物理、化学、生物三重协同作用使污水得到净化。按照污水流动方式，分为表面流人工湿地、水平潜流人工湿地和垂直潜流人工湿地。表面流人工湿地指污水在基质层表面以上，从池体进水端水平流向出水端的人工湿地。水平潜流人工湿地指污水在基质层表面以下，从池体进水端水平流向出水端的人工湿地。垂直潜流人工湿地指污水垂直通过池体中基质层的人工湿地。人工湿地原理图见图 121。

图 120　人工湿地

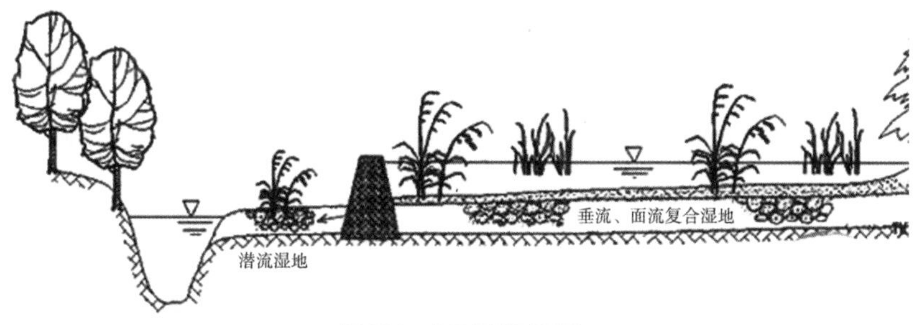

图 121　人工湿地原理图

1. 设计参数

人工湿地面积应按五日生化需氧量表面有机负荷确定，同时应满足水力负荷的要求。

人工湿地的主要设计参数，宜根据试验资料确定；无试验资料时，可采用经验数据或按表 12 的数据取值。

表 12　人工湿地的主要设计参数

人工湿地类型	BOD_5 负荷 [kg/(m³·d)]	水力负荷 [m³/(m²·d)]	水力停留时间 (d)
表面流人工湿地	15 ~ 50	< 0.1	4 ~ 8
水平潜流人工湿地	80 ~ 120	< 0.5	1 ~ 3
垂直潜流人工湿地	80 ~ 120	< 1.0（建议值：北方：0.2 ~ 0.5；南方：0.4 ~ 0.8）	1 ~ 3

2. 几何尺寸

潜流人工湿地几何尺寸设计，应符合下列要求：水平潜流人工湿地单元的面积宜小于 800m²，垂直潜流人工湿地单元的面积宜小于 1 500m²；潜流人工湿地单元的长宽比控制在 3 ∶ 1 以下；规则的潜流人工湿地单元的长度为 20 ～ 50m。对于不规则潜流人工湿地单元，应考虑均匀布水和集水的问题；潜流人工湿地水深为 0.4 ～ 1.6m；潜流人工湿地的水力相对坡度宜为 0.5%～ 1%。

表面流人工湿地几何尺寸设计，应符合下列要求：表面流人工湿地单元的长宽比宜控制在(3 ～ 5) ∶ 1，当区域受限，长宽比＞ 10 ∶ 1 时，需要计算死水曲线；表面流人工湿地的水深宜为 0.3 ～ 0.5m；表面流人工湿地的水力坡度宜小于 0.5%。

3. 湿地植物选择与种植

人工湿地宜选用耐污能力强、去污效果好、根系发达、具有抗冻及抗病虫害能力、有一定经济价值、容易管理的本土植物。人工湿地出水直接排入河流、湖泊时，应谨慎选择凤眼莲等外来物种。人工湿地可选择一种或多种植物作为优势种搭配栽种，增加植物的多样性并具有景观效果。潜流人工湿地可选择芦苇、蒲草、芋荠、莲、水芹、水葱、菱白、香蒲、千屈菜、营蒲、水麦冬、风车草、灯芯草等挺水植物。表流人工湿地可选择营蒲、灯芯草等挺水植物；凤眼莲、浮萍、睡莲等浮水植物；伊乐藻、茨藻、金鱼藻、黑藻等沉水植物。

人工湿地植物的栽种移植包括根幼苗移植、种苗繁殖、收割植物的移植以及盆栽移植等。人工湿地植物种植的时间宜为春季。植物种植密度可根据植物种类与工程的要求调整，挺水植物的种植密度宜为 9 ～ 25 株 /m^2，浮水植物和沉水植物的种植密度均宜为 3 ～ 9 株 /m^2。垂直潜流人工湿地的植物宜种植在渗透系数较高的基质上。水平潜流人工湿地的植物应种植在土壤上。应优先采用当地的表层种植土，如当地原土不适宜人工湿地植物生长时，则需进行置换。种植土壤的质地宜为松软黏壤土，土壤厚度宜为 20 ～ 40cm，渗透系数宜为 0.025 ～ 0.35cm/h。

阅读材料

人工湿地植物的选择与配置

随着环境保护的迅速发展，人们对湿地功能也有了广泛的认识。湿地作为“地球之肾”，担负着对地球自然水体的净化和处理功能。由于城市中天然湿地的逐渐减少和消亡，因此人工湿地以其独到的优越性受到了越来越多的关注和发展。

人工湿地系统水质净化技术作为一种新型生态污水净化处理方法，其基本原理是在人工湿地填料上种植特定的湿地植物，从而建立起一个人工湿地生态系统。当污水通过湿地系统时，其中的污染物质和营养物质被系统吸收或分解，而使水质得到净化。

人工湿地系统水质净化的关键在于工艺的选择和对植物的选择及应用配置。如何选择和搭配适宜的湿地植物，并且将其应用于不同类型的湿地系统中成了人们在营建人工湿地前必须思考的问题。

1. 人工湿地污水处理系统植物的选用原则

（1）植物具有良好的生态适应能力和生态营建功能，管理简单、方便是人工湿地生态污水处理工程的主要特点之一。若能筛选出净化能力强、抗逆性相仿，而生长量较小的植物，将会减少管理上尤其是对植物体后处理上的许多麻烦。一般应选用当地或本地区天然湿地中存在的植物。

（2）植物具有很强的生命力和旺盛的生长势

1）抗冻、抗热能力　由于污水处理系统是全年连续运行的，故要求水生植物即使在恶劣的环境下也能基本正常生长，而那些对自然条件适应性较差或不能适应的植物都将直接影响净化效果。

2）抗病虫害能力　污水生态处理系统中的植物易滋生病虫害，抗病虫害能力直接关系到植物自身的生长与生存，也直接影响其在处理系统中的净化效果。

3）对周围环境的适应能力　由于人工湿地中的植物根系要长期浸泡在水中

和接触浓度较高且变化较大的污染物，因此所选用的水生植物除了耐污能力要强外，对当地的气候条件、土壤条件和周围的动植物环境都要有很好的适应能力。

（3）所引种的植物必须具有较强的耐污染能力　水生植物对污水中的 BOD_5、COD、TN、TP 主要是靠附着生长在根区表面及附近的微生物去除的，因此应选择根系比较发达、对污水承受能力强的水生植物。

（4）植物的年生长期长，最好是冬季半枯萎或常绿植物　人工湿地处理系统中常会出现因冬季植物枯萎死亡或生长休眠而导致功能下降的现象，因此，应着重选用常绿、冬季生长旺盛的水生植物类型。

另外，所选择的植物将不对当地的生态环境构成隐患或威胁，具有生态安全性；具有一定的经济效益、文化价值、景观效益和综合利用价值。若所处理的污水不含有毒、有害成分，其综合利用可从以下几个方面考虑：①做饲料，一般选择粗蛋白质含量 >20%（干重）的水生植物。②做肥料，应考虑植物体含肥料有效成分较高，易分解。③生产沼气，应考虑发酵、产气植物的碳氮比，一般选用植物体的碳氮比为（25 ~ 30.5）：1。④工业或手工业原料，如芦苇可以用来造纸，水葱、灯芯草、香蒲、莞草等都是编制草席的原料。

由于城镇污水的处理系统一般都靠近城郊，同时面积较大，故美化景观也是必须考虑的。

然而在实际工作中，很多人工湿地的工艺设计者和建设者考虑得最多的是植物的独有性和观赏价值等表在因素，没有考虑到栽种该植物后的植株生长效果、生长表现以及对生态的安全性、湿地的运行效果等，导致人工湿地在运行一段时间后功能骤降或运行费用剧增，最后导致系统瘫痪或闲置。

2. 人工湿地植物特性的研究及植物配置分析

（1）根据植物类型分析

1）漂浮植物　漂浮植物中常用作人工湿地系统处理的有凤眼莲、大薸、水芹菜、李氏禾、浮萍、水蕹菜、豆瓣菜等。

根据对这些植物的植物学特性进行分析，发现它们具有以下几个特点：①生命力强，对环境适应性好，根系发达。②生物量大，生长迅速。③具有季节性休眠现象，如冬季休眠或死亡的凤眼莲、大薸、水蕹菜，夏季休眠的水芹菜、豆瓣菜等。生长旺盛的季节主要集中在每年的 3 ~ 10 月或 9 月至翌年 5 月。④生育周期短，主要以营养生长为主，对氮的需求量最高。

由于漂浮植物具有上述的植物学特性，因此，在进行人工湿地植物配置的时候我们必须充分考虑它们各自的优点：①由于这类植物的环境适应能力强，因此在进行植物配置时应当作地方优势品种予以优先考虑。②人工湿地系统中，水体中养分的去除主要依靠植物的吸收利用，因此，生物量大、根系发达、年生育周期多和吸收能力好的植物成为我们选择的目标。③利用植物季节性休眠特性，我们可以给予正确的植物搭配，如冬季低温时配置水芹菜而夏季高温时则配置水葫芦、大薸等适宜高温生长的植物，以避免因植物品种选择搭配单一而出现季节性的功能失调现象。④由于这类植物以营养生长为主，对氮的吸收利用率要高，因此，在进行植物配置时应重视其对氮的吸收利用效果，可作为氮去除的优势植物而加以利用，从而提高系统对氮的去除效果。

2）根茎、球茎及种子植物 这类植物主要包括睡莲、荷花、马蹄莲、慈姑、荸荠、芋头、泽泻、菱角、薏米、芡实等。它们或具有发达的地下根茎或块根，或能产生大量的种子果实，多为季节性休眠植物类型，一般是冬季枯萎、春季萌发，生长季节主要集中在 4 ~ 9月。

根茎、球茎、种子类植物具有以下特点：①耐淤能力较好，适宜生长在淤土层深厚肥沃的地方，生长离不开土壤。②适宜生长环境的水深一般为 40 ~ 100cm。③具有发达的地下块根或块茎，其根茎的形成对磷元素的需求较多，因此，对磷的吸收量较大。④种子果实类植物，其种子和果实的形成需要大量的磷和钾元素。

由于这类植物具有以下特点，因此在进行人工湿地植物应用配置时应予以充分考虑：①基于这些植物的特性，其应用一般为表面流人工湿地系统和湿地的稳定系统。②利用这些植物的生长（主要是块根、球茎和果实的生长）需要大量的磷、钾元素的特性，将其作为磷去除的优势植物应用，以提高系统对磷的去除效果。

3）挺水草本植物类型 这类植物包括芦苇、茭草、香蒲、旱伞竹、皇竹草、水葱、水莎草、纸莎草等，为人工湿地系统主要的植物选配品种。这些植物的共同特性在于：①适应能力强，或为本土优势品种。②根系发达，生长量大，营养生长与生殖生长并存，对氮和磷、钾的吸收都比较丰富。③能于无土环境生长。

根据这类植物的生长特性，它们可以搭配种植于潜流式人工湿地，也可以种植于表流式人工湿地系统中。

根据植物的根系分布深浅及分布范围，可以将这类植物分成 4 种生长类型，即深根丛生型、深根散生型、浅根散生型和浅根丛生型。

深根丛生型植物，其根系的分布深度一般在 30cm 以上，分布较深而分布面积不广。植株的地上部分丛生，如皇竹草、芦竹、旱伞竹、野茭草、薏米、纸莎草等。由于这类植物的根系入土深度较大，根系接触面广，配置栽种于潜流式人工湿地中更能显示出它们的处理净化性能。

深根散生型植物根系一般分布于 20 ~ 30cm，植株分散，这类植物有香蒲、菖蒲、水葱、草、水莎草、野山姜等，这类植物的根系入土深度也较深，因此适宜配置栽种于潜流式人工湿地。

浅根散生型的一些植物如美人蕉、芦苇、荸荠、慈姑、莲藕等，其根系分布一般都在 5 ~ 20cm。由于这些植物的根系分布浅，而且一般原生于土壤环境，因此适宜配置于表流式人工湿地中。

浅根丛生型植物如灯芯草、芋头等丛生型植物，由于根系分布浅，且一般原生于土壤环境，因此仅适宜配置于表面流人工湿地系统中。

4）沉水植物类型　沉水植物一般原生于水质清洁的环境，其生长对水质要求比较高，因此，沉水植物只能用作人工湿地系统中最后的强化稳定植物加以应用，以提高出水水质。

5）其他类型的植物　一些如水生景观植物之类的，由于长时间的人工选择，使其对污染环境的适应能力比较弱，因此也只能作为最后的强化稳定植物或湿地系统的景观植物而应用。

（2）根据植物原生环境分析　根据植物的原生环境分析，原生于实土环境的一些植物如美人蕉、芦苇、灯芯草、旱伞竹、皇竹草、芦竹、薏米等，其根系生长有一定的向土性，配置于表面流湿地系统中，生长会更旺盛。但由于它们的根系大都垂直向下生长，因此，净化处理的效果不及应用于潜流式湿地中；对于一些原生于沼泽、腐殖层、草炭湿地、湖泊水面的植物如水葱、野茭、山姜、香蒲、菖蒲等，由于其生长已经适应了无土环境，因此更适宜配置于潜流式人工湿地；而对于一些块根块茎类的水生植物如荷花、睡莲、慈姑、芋头等则只能配置于表面流湿地中。

（3）根据植物对养分的需求类型分析　根据植物对养分的需求情况分析，由于潜流式人工湿地湿地系统填料之间的空隙大，植物根系与水体养分接触的面积要较表流式人工湿地广，因此对于营养生长旺盛、植株生长迅速、植株生物量大、一年有数个萌发高峰的植物如香蒲、水葱、苔草、水莎草等植物适宜栽种于潜流湿地；而对于营养生长与生殖生长并存，生长相对缓慢，一年只有一个萌发高峰期的一些植物如芦苇、茭草、薏米等则配置于表面流湿地系统。

（4）根据植物对污水的适应能力分析　不同植物对污水的适应能力不同。一般高浓度污水主要集中在湿地工艺的前端部分。因此，在人工湿地建设时，前端工艺部分如强氧化塘、潜流湿地等工艺一般选择耐污染能力强的植物品种。末端工艺如稳定塘、景观塘等处理段中，由于污水浓度降低，因此可以更多考虑植物的景观效果。

一个人工湿地系统的建立，植物的选择和配置是很重要的考虑因素。在系统建立和植物栽种配置时要将系统的主要功能与植物的植物学特性充分结合起来考虑。只有这样，才能充分发挥不同植物各自的优势，达到更好的处理净化效果。

湿地植物的栽种配置要根据具体的应用环境和系统工艺来确定，对于一些应用工艺范围较广的植物类型，要充分考虑其在该工艺中的优势，能使其充分发挥自己的长处而居于主导地位。

为达到全面的处理和利用效果，应进行有机的搭配，如深根系植物与浅根系植物搭配，丛生型植物与散生型植物搭配，吸收氮多的植物与吸收磷多的植物搭配，以及常绿植物与季节性植物的季相搭配等。在进行综合处理的一些工艺或工艺段中，切忌配置单一品种，以避免出现季节性的功能下降或功能单一。作为湿地公园规划建设的人工湿地还要考虑景观搭配。

小知识

浮水植物

1. 茶菱(图 122)

图 122　茶菱

【科属分类】胡麻科茶菱属。

【生长习性】常群生在池塘或湖泊中，适应性广，最适温度为

18 ~ 32℃。植株形体小，生长速度较慢。适应全日照环境。

【园林用途】用于小型水体边缘或浅水水体绿化，常成片栽培，形成水体覆盖景观。容器栽培可在庭院、室内造景观赏。

【产地分布】分布在我国东北、华北、华东和华中地区。

2. 莼菜(图 123)

图 123 莼菜

【科属分类】睡莲科莼菜属。

【中文别名】菜、马蹄菜、湖菜、菁菜。

【产地分布】主产于浙江、江苏两省太湖流域，湖北省西部利川市境内。

3. 大薸(图 124)

图 124 大薸

【科属分类】天南星科大薸属。

【中文别名】大薸、大萍、水莲、肥猪草、水芙蓉。

【生长习性】性喜高温高湿，不耐严寒。

【园林用途】在园林水景中，常用来点缀水面。庭院小池，植上几丛大薸，再放养数条鲤鱼，使之环境优雅自然，别具风趣。有发达的根系，直接从污水中吸收有害物质和过剩营养物质，可净化水体。

【产地分布】我国长江以南各省区均有分布或栽培。

4. 凤眼莲（水葫芦）（图 125）

【科属分类】雨久花科凤眼莲属。

【中文别名】水葫芦、凤眼蓝、水葫芦苗。

【生长习性】凤眼莲喜欢在向阳、平静的水面，或潮湿肥沃的边坡生长。在日照时间长、温度高的条件下生长较快，受冰冻后叶茎枯黄。

【园林用途】常是园林水景中的造景材料。植于小池一隅，以竹框之，野趣幽然。除此之外，凤眼莲还具有很强的净化污水的能力。

【产地分布】我国华北、华东、华中和华南地区。

图 125　凤眼莲

5. 浮萍（图 126）

【科属分类】浮萍科。

【中文别名】水萍、萍子草、田萍。

【产地分布】广布全国。

图 126　浮萍

6. 槐叶萍(图 127)

【科属分类】槐叶苹科槐叶萍属。

【中文别名】槐叶苹、蜈蚣萍、山椒藻。

【生长习性】蕨类植物，一年生浮水性蕨类水生植物，本种为无根性植物，水下根状体为沉水叶。

【产地分布】从我国东北到长江以南地区都有分布。

图 127 槐叶萍

7. 两栖蓼(图 128)

【科属分类】蓼科蓼属。

【园林用途】叶大，花穗大，粉红色花序惹人喜爱，是园林水景颇佳的观赏植物。

【产地分布】产于我国东北、华北、西北、华东、华中和西南地区。

图 128 两栖蓼

8. 满江红(图 129)

【科属分类】满江红科满江红属。

【中文别名】红萍、红浮萍、紫薸、三角薸。

【生长习性】生长在水田或池塘中的小型浮水植物。幼时呈绿色，生长迅速，常在水面上长成一片。秋冬时节，它的叶内含有很多花青素，群体呈现一片红色，所以叫作满江红。

【产地分布】主要分布在秦岭淮河以南各地，河南、山东等地水域亦有分布。

图 129　满江红

美丽的湿地照片

湿地图片见图 130 至图 133。

图 130　卡鲁奔山下的湿地

图 131　库都尔湿地

图 132　富锦国家湿地公园 1

图 133　富锦国家湿地公园 2

阅读材料

一种以沼气为纽带种养结合的生态养殖模式

锦祥畜牧发展有限公司仁洋养殖场是尤溪县的一个规模化生猪养猪场，年存栏生猪 3 800 头，日产粪便及污水 50t。为了解决畜牧业发展与环境污染的矛盾，实现畜牧业与社会、经济、生态效益相互统一。2012 年实施规模化生猪养殖场污染治理示范项目，摸索规模化养殖场废弃物通过沼气系统工程处理，实现农业经济生态系统能量的合理流动和物质的良性循环，促进农业结构的调整和农民增收。

1. 运行效益

应用该模式，综合效益十分显著。

第一，每年为有机肥厂和红虫养殖基地提供了原料或直接用于田间施肥销售粪渣 1 100t，年增加收入 5.5 万元。

第二，沼液用作 150 亩稻田施肥和 13 亩鱼塘养鱼，每年增收节支 2.8 万元。

第三，沼渣经处理制作成优质有机肥，用于 80 亩果树做基肥，每年节省化肥投入 0.96 万元。

第四，沼气工程为所在地 225 户村民提供生活燃料，每年节约燃料费 18.2 万元。

同时，通过该模式应用，改善了农业生产环境条件，有效降解了污水的化学需氧量（COD），净化了周边的空气和水体，从而提高了农产品品质，被列为福建省省级标准化示范基地，并获得无公害农产品认证。该模式的成功经验，为推广“猪一沼一鱼（稻）”零排放模式起到典型示范作用，具有良好的经济、社会和生态效益。

2. 技术要点

该模式根据养殖规模、排污量、污水处理设施的条件，以沼气工程为纽带，合理布局建设全过程达标排放治理工艺，经过厌氧消化处理和沉淀后，排灌到农田、鱼塘或水生植物塘，使沼液多层次地资源化利用，建设内容包括前处理系统、厌氧消化系统、后处理系统。

（1）完善前处理系统，减轻负荷量　为了减轻污水处理系统污染物负荷量，前处理系统包括建造沉淀池、调节池、固液分离装置、酸化池。养殖场实行雨污分流，铺设污水收集管道，建设砖混结构调节池，采用干清粪和固液分离万法，建立严格可核查的干清粪机制，建造储粪场和固液分离粪场，安装污水固液分离机，生猪排泄物通过人工干清粪（干捡率 ≥ 70%），将尚未捡尽的粪渣、尿液及冲洗水从污水管道排入调节池，通过固液分离收集的污水进入 200m^3 格栅酸化池过滤，确保厌氧发酵池进水化学需氧量（COD）小于 5 500mg/L；将人工干清和机械分离的粪渣及时运送储粪场集中，实现日产日清，粪便和粪渣作为有机肥厂生产商品有机肥料的原料和厚丰村红虫养殖基地的饲养原料（红虫为鳗鱼的饵料）或直接用于田间施肥。

（2）建设沼气工程，厌氧发酵消化　厌氧消化处理系统根据养殖场现有的养殖规模、排污量，建设沼气发酵池，采用常温沼气发酵工艺，水力滞留期为 12d，厌氧消化装置建设串联 1 250m^3 的圆筒形水压式沼气池，污水采用格栅分离、酸化调节、厌氧发酵分解有机物并产生沼气；沼液流入储液池和好氧发酵池。

（3）沼气集中供气，推进清洁能源　沼气利用设施通过阻火器、气水分离器、脱硫净化器，经输配管网送达养殖场职工和厚丰村 225 户居民作为生活燃料，统一安装沼气流量表和灶具，实现全村使用沼气，设立一个农村沼气服务站，每年户收 60 元作为沼气运行维护管理费。

（4)利用沼液沼渣，实现达标排放　养殖场污水在经过厌氧消化处理后，充分利用周边农田、鱼塘、果园进行消纳沼液、沼渣，在好氧发酵池旁建设砖混结构分流储液池 20m^3，从储液池到农田铺设直径 75mm 污水主管 600m、直径 50mm 支管 2 600m，在污水支管边配套建设 10 个 1.5m^3 田间储粪池，并安装开关，在农作物生产季节，经调控开关把储液池的沼液引进田间储粪池，作为液态有机肥用于 150 亩水稻田浇灌和施肥；经厌氧发酵后的沼液进入好氧发酵池，好氧发酵池安装日处理污水 50t 的自动曝气设施，降低了氨氮浓度，经多级 600m^3 沉淀池和4.5亩水生植物氧化塘三级降解后，作为养殖场下游 13 亩多级池塘进行养鱼，实现“猪—沼—稻（鱼）”零排放模式。

专题四
病死畜禽处理技术

专题提示

随着动物疫病种类的增加，防控难度加大，畜禽病死现象不可避免地会发生，尤其是规模化养殖场畜禽数量多，相应的死亡的畜禽也很多。如果病死畜禽得不到妥善处理，不但会腐败分解产生尸胺等有害物质与臭气，严重污染环境，还会传播病原生物，造成重大动物疫情的暴发，对畜牧业有着很大的威胁，极易引发畜禽产品质量安全问题。因此，处理好病死畜禽，不但可以控制环境污染，同时也是防止疾病流行与传播、保障畜牧业健康发展的一项重要措施。

I 物化处理技术

一、掩埋法

（一）直接掩埋法

掩埋坑体容积以实际处理动物尸体及相关动物产品的数量确定，坑壁垂直，坑深在 2m 以上，坑底应高出地下水位 1m 以上，要防渗、防漏，病死畜禽尸体等埋藏物最上层应距地表 1.5m 以上，坑底要撒 2 ～ 5cm 厚的生石灰或漂白粉等消毒药。掩埋前应对病死畜禽尸体、产品、垫料等进行一定处理，如将病死畜禽体表用 10％漂白粉上清液喷洒作用 2h，将病死畜禽连同包装物等全部投入坑内，覆土厚度不少于 1.2m。掩埋后，立即用氯制剂、漂白粉或生石灰等消毒药对掩埋场所进行一次彻底消毒。第一周内应每日消毒 1 次，第二周起应每周消毒 1 次，连续消毒 3 周以上。掩埋处应设置警示标志并应有专人进行定期检查，第一周内应每日巡查 1 次，第二周起应每周巡查 1 次，连续巡查 3 个月，掩埋坑塌陷处应及时加盖覆土。

（二）化尸窖处理法

化尸窖可采用砖和混凝土或者钢筋和混凝土密封结构，应防渗防漏。在顶部设置投置口，并加盖密封加双锁；设置异味吸附、过滤等除味装置。化尸窖容积以实际处理动物尸体及相关动物产品数量确定。建为圆筒状的化尸窖，内部直径一般为 2 ～ 3m，深度应根据地势而定，一般在 2 ～ 3m 或更深。投放病死畜禽尸体前，应在化尸窖底部铺洒一定量的生石灰或消毒液。投放后，投置口密封加盖加锁，并对投置口、化尸窖及周边环境进行消毒。当化尸窖内动物尸体达到容积的 3/4 时，应停止使用并密封。化尸窖周围应设置围栏、设立醒目警示标志，实行专人管理，注意化尸窖维护，发现化尸窖破损、渗漏应及时处理。当封闭化尸窖内的动物尸体完全分解后，应当对残留物进行清理，清理出的残留物进行焚烧或者掩埋处理，化尸窖池进行彻底消毒后，方可重新启用。

化尸窖处理时可进行分散布点，化整为零；病死畜禽的尸体可以随时扔到窖内，较为方便；采用密闭设施，建造简单，臭味不易外泄；在做好消毒工作的前提下，生物安全隐患小；设施投入低，运行成本低。缺点是不能循环利用，且化尸窖内畜禽尸体自然降解过程受季节、区域温度影响很大。化尸窖处理法适用于养殖场（小区）、镇村集中处理场所等对批量畜禽尸体的无害化处理。

二、焚烧法

（一）直接焚烧

为了避免焚烧过程中对空气造成污染，通常采用密闭式的焚烧炉进行病死畜禽焚烧处理。焚烧前，可根据情况对动物尸体及相关动物产品进行破碎预处理，然后将动物尸体及相关动物产品或破碎产物投至焚烧炉燃烧室，经充分氧化、热解，产生的高温烟气进入二燃室继续燃烧，产生的炉渣经出渣机排出。焚烧过程中应严格控制焚烧进料频率和重量，使物料能够充分与空气接触，保证完全燃烧。燃烧室温度应不小于 850℃，燃烧室内保持负压状态，避免焚烧过程中发生烟气泄漏。二燃室出口烟气经余热利用系统、烟气净化系统处理后达标排放。

（二）炭化焚烧

炭化焚烧是将动物尸体及相关动物产品投至热解炭化室，在无氧情况下经充分热解成为焦炭，获得的焦炭进入燃烧区（一燃室）进行燃烧，温度控制在800℃左右，其产生的高温缺氧烟气再被引入炭化室将动物尸体进行热解。由炭化室抽出含有可燃气体的烟气（包括一燃室产生的烟气），再进入气体燃烧室（二燃室）内高温氧化燃烧。热解温度应不小于600℃，二次燃烧室温度不小于1 100℃，焚烧后烟气在1 100℃以上停留时间不小于2s，保证有毒有害的有机气体完全分解燃烧，然后经过热解炭化室进行热能回收后，降至600℃左右进入排烟管道，再经过湿式冷却塔进行“急冷”和“脱酸”，最后净化处理达标排放。

炭化焚烧将动物尸体等热解炭化成焦炭和燃气，再把焦炭和燃气分别焚烧。焦炭和燃气都是高热值燃料，燃烧十分稳定，且焚烧温度高，焚烧彻底，热利用率高，很大程度上控制了二噁英的产生，这是一般焚烧炉无法比拟的。

焚烧法处理病死畜禽能彻底杀灭病菌、病毒，处理过程迅速、卫生，处理后仅有少量灰烬，减量化效果明显，但焚烧炉投资、操作、维护和监测费用较高，烟气处理不当会对环境造成污染。

三、化制法

（一）干化法

将动物尸体或废弃物放入具有高压干热消毒作用的干化机（图134），利用循环于干化机机身夹层中的热蒸汽提供的热能，使被处理物不直接与热蒸汽接触，而是在干热和压力的作用下，达到脂肪熔化、蛋白质凝固和杀灭病原微生物的目的。

图134　化制机

干化机是一种卧式或立式的真空化制罐，机身由双层钢板组成，形成夹层，机身内腔中心带有搅拌机，无害化处理时将原料投入其中化制。目前广泛采用的大型立式高压罐，上部开口，将分割的病死畜禽尸体或胴体和内脏由此口投入罐中，然后加水并加盖密封，由热蒸汽通过双层罐壁的夹层进行加热、加压。经过一段时间后，罐内内容物分为3层，上层为油脂，中间层为溶解的蛋白质有机物，下层为肉骨残渣。这3层物质可分别作为生产工业油、蛋白胨和骨肉粉的原料。

干化法的优点是处理过程快，油脂中水分和蛋白质含量较低，残渣既可做饲料又可做肥料，缺点是不能化制较大的整个尸体或大块原料，因此，不允许用于处理恶性传染病的畜禽尸体。

（二）湿化法

湿化机实际是一个大型的高压蒸汽灭菌器，容积大的可达2～3t，甚至4～5t，整个动物尸体可不经分解而直接放入湿化机内化制，因此能减少因分解尸体而引起的污染，而且湿化法比干化法的杀菌力强。缺点主要是油脂中混有蛋白质、骨胶等，色泽不亮；油渣中的蛋白质含量低，水分含量高，易氧化变质，并常有异味，不宜用作饲料，只能做肥料。

化制法主要适用于国家规定的应该销毁以外的因其他疫病死亡的畜禽以及病变严重、肌肉发生退行性变化的畜禽尸体、内脏等，此法具有操作较简单、灭菌效果好、处理能力强、处理周期短、不产生烟气、安全等优点，但也存在处理过程中易产生臭味、化制产生的废液污水需进行二次处理、设备投资成本高等问题。

四、化学水解法

化学水解是将病死动物尸体投入水解反应罐中，在高温的环境中，通过碱性催化剂的作用加快分解反应，把动物尸体和组织消解转化为无菌水溶液（氨基酸为主）和骨渣的过程。化学水解有灭菌效果好、处理能力强、处理周期短等优点，但易形成二次污染。

Ⅱ 生物处理技术

一、堆肥发酵法

（一）条垛式或发酵池式静态堆肥

条垛式堆肥发酵应选择平整、防渗地面；发酵池可采用砖混结构，建成地上式或半地下式，有防渗防漏措施。处理前，在指定场地或发酵池底铺设20cm厚辅料，辅料可为稻糠、木屑、秸秆、玉米芯等混合物，或在稻糠、木屑等混合物中加入特定生物制剂预发酵后产物。在辅料上平铺动物尸体或相关动物产品，厚度不超过20cm，然后再覆盖20cm厚的辅料，确保动物尸体或相关动物产品全部被覆盖。这样依层堆摞，堆体厚度随需处理动物尸体和相关动物产品数量而定，一般控制在2～3m。发酵1周后翻堆，一般3周后堆肥完成。

采用这种堆肥方法简单方便，处理成本低，高温发酵过程能杀死病原微生物，但处理过程中会产生恶臭气体，需有一定的除臭设施。

（二）发酵仓式堆肥

堆肥在发酵仓中完成，发酵仓大多采用钢筋混凝土结构。仓内由鼓风机进行强制供气，以维持仓氧发酵。发酵仓式堆肥不易受天气条件影响，发酵时间快，占地面积小，生物安全性好，堆肥过程中的温度、通风、水分含量等因素可以得到很好的控制，因此可有效提高堆肥效率和产品质量。

二、高温生物降解

高温生物降解是将高温化制和生物降解结合起来的技术，即在密闭环境中，通过高温灭菌，配合好氧生物降解处理病死畜禽尸体及废弃物，将其转化为优质有机肥原料，达到灭菌、减量、环保和资源循环利用的目的。

高温生物降解过程：在处理器中放入动物尸体，加入20%左右的辅料（锯末、秸秆、稻草等），再加入降解剂（生物活性酶），在55～75℃作用1个周期，然后在160～180℃灭菌2h，排放物再进一步后熟；或先进行140～160℃灭菌2h，完全灭菌后再进行降解、后熟。高温生物降解法简单、安全，杀菌效果好；动物尸体处理全过程均在一体机内完成，没有二次污染。

我国病死畜无害化处理的制约因素

随着畜牧业的发展，病死畜无害化处理工作成为社会关注的热点问题。虽然各地采取多项措施，使得病死畜无害化处理工作取得了一定的成效，但由于多种因素的制约，依然存在着一些亟须解决的问题。

一是无害化处理场选址问题突出。首先因为部分基层政府或民众认为无害化处理场是对环境污染较大的项目，阻挠项目落户，无害化处理场“一址难求”；其次，环保部门依据《国家危险废物名录》，将病死动物、动物产品作为危险废物，对无害化处理场建设按照危险废物处理场所审查，制约了处理场选址；最后，目前无害化处理场建设用地性质尚未明确，在项目审批、环境影响评价等方面存在较大的阻力。

二是无害化处理场建设和运行资金保障困难的问题。据介绍，目前，试点工作完全依靠地方财政“自掏粮票”开展工作。除部分财政情况较好的地区之外，其余试点地区资金落实难度大。

三是在市场化运行方面的工作还有待探索。首先存在病死畜禽处理数量难以保证的问题。长远来看，随着科学防控意识的增强及规模养殖的发展，病死畜禽数量会有所降低。其次是无害化处理成本偏高，但产值较低。据测算，目前使用最为普遍的化制法和焚烧法处理成本普遍在 1 000 元 /t 以上，而处理产物再利用还存在困难。另外，养殖环节病死动物无害化处理补贴目前只针对生猪，覆盖品种少，处理场实际上处理病死动物种类多。

四是无害化处理监管方面也存在困难。目前我国养殖业从总体上看，仍然以中小型规模场（户）和散养户为主，养殖方式相对落后，部分养殖者法律意识淡薄，随意抛弃病死畜禽，威胁公共卫生安全；对出现在城镇公共场所、江河、湖泊等区域的病死畜禽进行无害化处理的责任单位未完全落实；基层动物卫生监督工作量大，执法队伍力量薄弱，经费少，难以保证病死畜禽无害化处理监管工作长期有效的开展。

专题五
畜禽场废气处理与处置技术

专题提示

随着畜牧业生产经营规模的不断扩大和集约化程度的不断提高，生产出大量畜禽产品的同时也排放出大量的恶臭物，如硫化氢、氨气、挥发性脂肪酸、三甲胺、甲烷、粪臭素、硫醇类等，混杂在一起散发出难闻的气味，严重危害畜禽的健康，降低畜禽的抗病力，阻碍畜禽生产性能的发挥，还会危害到人尤其是饲养人员的健康，其释放进入大气还有可能形成酸雨，对环境造成污染。因此，如何有效控制养殖场的恶臭气体是保证畜牧业可持续发展所迫切需要解决的问题。

I 恶臭及有害气体控制技术

一、畜禽场恶臭气体的组成与分类

（一）氨气

1. 来源

氨气极易溶解于水，水溶液呈碱性。畜禽中氨气主要由粪便、饲料等含氮有机物分解产生。氨气在畜（禽）舍中常被溶解或吸附在潮湿的地面、墙壁和畜禽黏膜上，当舍内温度升高时，溶解在水中的氨与水分离，对空气形成二次污染，并会再次附着在畜禽的黏膜上。

2. 危害

氨气能刺激黏膜，引起黏膜充血、水肿，吸入肺部可与血红蛋白结合，从而破坏血液的运氧功能，导致呼吸困难，引起气管、支气管病变，甚至肺水肿、肺出血；破坏呼吸道的保护作用，从而易感染各种呼吸道疾病，致使动物机体的抗病力下降，进而继发感染其他疾病。低浓度氨气长期作用于畜禽，可导致畜禽抵抗力降低，发病率和死亡率升高，采食量、日增重、繁殖能力下降，称为氨的慢性中毒。高浓度的氨气可使接触的皮肤局部发生碱性化学灼伤，组织坏死，亦可引起中枢神经麻痹、中毒性肝病和心肌损伤等明显病理反应和症状，称为氨中毒。

（二）硫化氢

1. 来源

硫化氢无色，易挥发，具有恶臭气味，微溶于水。家畜采食富含硫的高蛋白质饲料，当其消化机能紊乱时，可由肠道排出大量硫化氢，含硫化物的粪积存腐败也可分解产生硫化氢。

2. 危害

硫化氢经呼吸道进入血液能使细胞色素氧化酶失活，造成组织缺氧；高浓度的硫化氢可直接抑制呼吸中枢，引起窒息死亡。硫化氢刺激黏膜，引起结膜炎、鼻炎、气管炎。硫化氢易被呼吸道黏膜吸收，与钠离子结合形成硫化钠，对黏膜产生强烈刺激，引起眼炎和呼吸道炎症，甚至肺水肿。经肺泡进入血液的硫化氢，有时可被氧化成无毒的硫酸盐排出体外，未被氧化的游离硫化氢可氧化细胞色素酶，使酶失去活性，影响细胞氧化过程，最终表现为全身中毒。长期处于低浓度硫化氢环境中，畜禽的体质变弱，抵抗力下降，增重缓慢；空气中硫化氢浓度为 $30mg/m^3$ 时，畜禽变得怕光、丧失食欲、神经质。

（三）二氧化碳

1. 来源

二氧化碳为无色无臭、略带酸味的气体。因舍内畜禽的密度过大，呼吸过程产生的二氧化碳严重超标。

2. 危害

二氧化碳本身无毒性，它的危害主要是引起畜禽缺氧，畜禽长期处在缺氧的环境中，表现精神萎靡，食欲减退，生产力降低，抗病能力减弱。实际上，畜舍中的二氧化碳一般很少能够达到引起家畜中毒或慢性中毒，其卫生学意义主要在于用它表明畜舍通风状况和空气污浊程度。当二氧化碳含量增加时，其他有害气体含量也增多。因此，二氧化碳浓度通常被作为检测空气污染程度的可靠指标。据实验报道，家畜在含 4%二氧化碳的空气中呼吸紧迫，10%时出现昏迷。

（四）挥发性有机污染物（VOCs）

1. 来源

畜禽粪便堆肥过程释放的恶臭气体已成为制约养殖业生产的重要因素，其中挥发性有机物在臭味贡献中占了很大比重。VOCs 主要包括含硫化合物、含氮化合物和挥发性脂肪酸，组分复杂且治理困难。畜禽粪便堆放过程中产生 VOCs，同时在畜禽粪便堆肥过程中气体微生物厌氧发酵也会产生大量的 VOCs。畜禽粪便堆肥过程中，随着微生物的活动，堆体中有机质被降解，产生大量的 VOCs 和其他臭气成分，并从堆体内部迁移至发酵池表面。以甲硫醇、甲硫醚、二甲二硫醚为代表的含硫有机化合物贡献了大部分的臭气。通常认为含硫类 VOCs 来自于含硫氨基酸的厌氧降解，其中硫酸盐在厌氧环境经过脱硫细菌转化生成硫化氢，硫化氢和烯烃经过加成反应生成硫醚类物质。

2. 危害

（1）对嗅觉的影响　挥发性有机物主要是指熔点低于室温、沸点在 50 ～ 260℃的有机化合物，通常分为 6 大类：烷烃和卤代烷烃，烯烃和卤代烯烃，芳香烃，含氧有机化合物，含氮有机化合物，含硫有机化合物。这些物质的共同点是沸点较低，在常温下多以气态存在，能透过人体的呼吸系统和皮肤进入人体，危害人体健康，并且部分 VOCs 组分检知嗅阈值很低，臭味较大，严重的会损害人类呼吸和神经系统。

（2）对大气环境的影响　大气中挥发性有机物是形成光化学烟雾的重要前体物，目前城市中挥发性有机物污染问题已十分突出，不仅组分越来越复杂，而且浓度呈现大幅上升的趋势。VOCs 有浓度低、活性强、危害大等特点，不但危害生态环境和人类健康，而且会对近地层大气臭氧的生成和浓度水平产生重要影响。畜禽粪便高温堆肥过程会产生和排放大量的 VOCs，包含几十种组分，目前发酵过程中产生的主要致臭 VOCs 组分的研究比较多，包括甲硫醚、二甲二硫、柠檬烯、α - 蒎烯等的产生和排放状况，而大多数 VOCs 化合物（如低碳数的烯烃、部分烷烃）具有大气化学反应活泼性，是形成光化学烟雾污染的重要前体物，以挥发性有机物为主导的化学反应可能是城市以臭氧为主的光化学烟雾污染的主要成因。

（3）对动物的影响　空气中含氨气 37.5mg/m^3，能减慢兔的呼吸频率，滞缓猪的增重；75～150mg/m^3 可引起猪摇头、流涎、喷嚏、丧失食欲。鸡对于氨气敏感，3.75mg/m^3 长期作用，会影响鸡的健康；15mg/m^3 时可引起角膜、结膜炎，提高新城疫发病率；37.5mg/m^3 时则可降低呼吸频率、产蛋量。我国《畜禽场环境质量标准》（NY/T 388—1999）中规定，幼禽舍、成禽舍、猪舍、牛舍的空气中氨气浓度应分别低于 10mg/m^3、15mg/m^3、25mg/m^3、20mg/m^3。

粪臭素可通过肠壁吸收进入血液循环系统，一部分经肝脏代谢由尿排出，另一部分则储存于脂肪和肌肉组织，影响畜禽肉风味，这在未阉割公猪肉中表现明显，令消费者难以接受。背部皮下脂肪中粪臭素水平与皮下脂肪异臭味、瘦肉异臭味和苦味，及其味觉评分之间的相关系数分别为 0.65、0.68、0.45 和 0.56（$P < 0.01$）。另外，粪臭素能引起反刍动物急性肺水肿和气肿。

二、恶臭及有害气体的控制技术

（一）物理方法

1. 掩蔽法

掩蔽法通常是指在不适宜使用脱臭装置的情况下，采用更强烈的芳香气味或其他令人愉快的气味与臭气掺和，以掩蔽臭气或改变臭气的性质，使气味变得能够为人们所接受，或采用一种能够抵消或中和恶臭的添加剂，以减轻恶臭影响。掩蔽法的效果因个人感官程度而有所差异。恶臭物质的气味检知阈值及气味特征见表 13。

表 13　恶臭物质的气味检知阈值及气味特征

物质名称	检知阈值（$\times 10^{-6}$）	气味特征
丙酮	100.0	香甜、刺鼻
丙烯醛	0.21	浓香、刺鼻
三甲胺	0.000 21	鱼腥味
氨	47.0	刺激性

续表

物质名称	检知阈值($\times 10^{-6}$)	气味特征
苯	4.7	溶剂味
苄硫醚	0.002 1	硫化物臭味
丁酸	0.001	酸味
二甲硫	0.001	植物硫化物味
二苯硫醚	0.004 7	烧焦的橡胶味
丙烯酸乙酯	0.004 7	热塑料、泥土味
硫化氢	0.000 47	臭鸡蛋味
二氯甲烷	214.0	
甲乙酮	10.0	甜味
硝基苯	0.004 7	刺激的鞋油味
邻 - 碘苯酚	0.000 001	药味
邻 - 溴苯酚	0.000 001	药味
碳酰氯	1.0	干草味
吡啶	0.021	烧煳的刺激味
二氧化硫	0.47	
二氯乙烯	21.4	溶剂味

实验表明，当两种不同气味的物质以一定浓度、一定比例混合后，气味比它们单独存在时小。这种现象叫作气味的缓和作用。当因不能肯定恶臭气味的化学组成而不能以适当的脱臭装置去除时，可根据气味缓和原理，采用掩蔽法（中和法）。

例如粪便中的粪臭素（3- 甲基吲哚）是强烈恶臭的来源，但它也是植物茉莉的重要成分，不含吲哚茉莉配剂便是粪臭素的良好抵消剂。常见的恶臭配对抵消剂如表 14 所示：

表 14　常见的恶臭配对抵消剂

恶臭物质	配对掩蔽物
丁酸（肉类存久时生成的腐臭味）	桧油
氯	香草醛
樟脑	科隆香水
粪臭素	茉莉

2. 稀释扩散法

稀释扩散法是指将恶臭气体排向空气中，以无臭的空气将其稀释，或利用风力使臭气得以扩散、稀释。稀释扩散法受通风量及当地气象条件的影响较大。

3. 物理吸附

物理吸附是利用活性炭、沸石粉、膨润土、麦饭石等吸附型材料表面积大、孔隙多、吸附和交换能力强的特点，来吸附恶臭物质，从而达到除臭的目的。不同吸附型除臭剂的吸附能力和选择性不同，例如，活性炭对非极性分子、直径较大的恶臭物质（如苯、硫醇等）吸附力很强；合成沸石有极性，对直径较小的恶臭物质（如氨气、硫化氢等）吸附力较大。海泡石、膨润土等硅酸盐类物质、硅藻土、蛭石等矿物质也都具有除臭作用。物理吸附的方法有多种，如利用网袋装入吸附剂悬挂在畜禽舍内，或在地面适当撒上一些活性炭、煤渣、生石灰等，均可不同程度地消除舍中的有害气体；也可在加设的通风管道放入几层吸附材料和黏性吸附剂，在畜禽舍通风过程中，使大量的有害臭气被吸附。

阅读材料

日本早在 20 世纪 60 年代就将沸石用于畜禽场除臭。沸石具有很多排列整齐的晶穴和通道，孔道体积占沸石体积的 50%以上，表面积很大，对氨气、硫化氢、二氧化碳以及水分有很强的吸附力，因而可以降低畜禽舍内有害气体的浓度。同时由于它的吸水作用，降低了畜禽舍内空气湿度和粪便水分，减少了氨气等有害气体的发生，从而达到除臭目的。日本用地养素（以沸石为主要成分的产品）喂猪，由于猪粪尿中的氨气被吸附和分解为无臭的氮和氢，故臭气可减少八九成。Toree 报道，日本人将沸石与粪便直接混合，或将其装入盒中从禽舍屋顶悬下，降低舍内氨气浓度。Koellike（1980）将含有氨气的空气通过一系列装有沸石粉的盘，在 1s 内氨氮减少了 15% ~ 45%。Stroh 发现在养牛场应用沸石，用量为 $2.44kg/m^2$，和不处理相比，结果显著降低了氨的挥发和臭气。董毓兴（1987）按 5g/ 只鸡的比例将沸石加入垫料中，结果舍内氨气下降 37.04%，二氧化碳下降 20.19%。

（二）化学方法

化学方法除臭是通过化学反应把有臭味的化合物转化成无味或较少气味的化合物。

1. 中和法

中和法是利用酸和碱的中和反应，使臭气浓度降低。常用的除臭剂有稀硫酸、过磷酸钙、硫酸亚铁等。如将硫酸亚铁撒在畜禽粪便中，可抑制粪便发酵、分解，减少臭味；在鸡舍中，用 2%苯甲酸或 2%乙酸喷洒垫料，或用 4%硫酸铜与适量熟石灰混在垫料中铺垫地面，均可降低鸡舍的臭味。

2. 化学氧化法

化学氧化法是采用强氧化剂如臭氧、高锰酸盐、次氯酸盐、氯气、二氧化氯、过氧化氢等氧化恶臭物质，将其转变成无臭或弱臭物质的方法。化学氧化过程一般在液相中进行，也可在气相中进行，如臭氧氧化过程。化学氧化法恶臭污染物去除率可达 99%以上，但运转费用较高，为燃烧法的 2 ～ 3 倍。

3. 燃烧法

燃烧法包括直接燃烧法、热力燃烧法和催化燃烧法。直接燃烧法是在燃烧炉中用喷嘴加热恶臭气体使温度达到着火点以上，使恶臭气体最终氧化分解为二氧化碳和水蒸气的方法。由于恶臭气体一般热值不高，浓度较低，直接燃烧法脱臭较少应用。热力燃烧法是将臭气与油或燃料混合后在高温下完全燃烧，以达到脱臭的目的。该法燃烧时产生大量热能，应加以回收利用。该法缺点是设备体积较大，燃料费用较高，NO_X 生成量较大，因而已逐渐被催化燃烧法代替。

催化燃烧法是指使恶臭气体与燃料气混合，在催化剂作用下于 250 ～ 500℃时发生氧化反应从而去除恶臭的方法。目前催化剂主要以金属及金属化合物为主，贵金属铂和钯催化剂最常用，稀土催化剂还处于研究试验阶段。与热力燃烧法相比，催化燃烧法具有装置设备小、处理温度低、去除效率高及处理费用低等优点，但存在催化剂易中毒的问题。

4. 湿法化学吸收法

湿法化学吸收法是发展最成熟、应用最普遍的恶臭脱除方法之一，其中塔式吸收是发展的主导趋势。常用的湿法化学吸收塔有 3 种：填料塔、喷雾塔和文丘里洗涤塔。

化学吸收法的基本原理是：通过喷淋式或填料式吸收塔将恶臭气体捕捉到液体中，附着于颗粒物质上的臭气分子通过湿法吸收氧化后被从空气中去除，恶臭气体和药液中的乳化试剂反应从溶液中去除，也可和强氧化剂反应生成溶于水的无臭物质吸收去除。

使用湿法化学吸收除臭，影响脱除效果的重要因素是恶臭气体的成分和吸收剂的选取以及接触过程中的速率。常用的吸收液可以是清水、化学试剂溶液（酸、碱）、强氧化剂溶液或是有机溶剂。气—液传质接触一般采用两相同流、逆流、交流，水平式气液接触方式。同时严格控制过程中的气液比以及气体通过的线速度，保证接触时间。这种方法具有反应速度快、反应温度低、安全高效、运行可靠、占地相对最小等优点。适于排放量大、高浓度的臭气排放场合，如污泥稳定、干化处理和焚烧过程所产生的恶臭处理等。同时当恶臭气流中成分比较复杂时，通常需采用多级吸收系统。让恶臭气体依次通过装有不同性能药液的接触塔，最后再经过除雾装置后，直接排放或与干净空气混合稀释后排放到大气中去。这样的两级或三级吸收系统，可以广泛地除去多种恶臭气体，并达到很高的去除效率，同时也可以通过调节加药量和溶液的循环流量来适应气体流量和浓度的变化，因此湿法化学吸收除臭具有较强的操作性。

案例介绍

王黎虹等以逆流循环式填充塔作为除臭装置对恶臭气体进行化学吸收氧化脱除，利用气体和液体的逆向流动，使两相充分接触实现其反应吸收，除去恶臭的主要成分气体氨气、硫化氢和甲硫醇。填充塔用内径为 100mm 的有机玻璃柱制成，有效高度为 800mm。其中填料为不锈钢拉西环（10mm×10mm×0.5mm），有效高度为 270mm，大约占反应有效容积的 30%。其装置流程图见图 135。

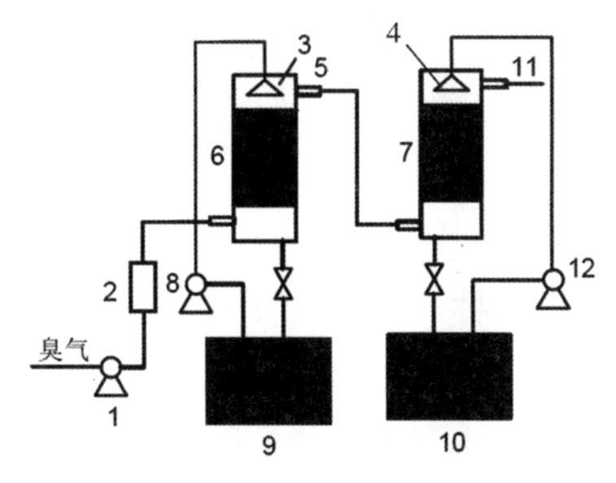

图 135 试验装置流程

1. 引风机 2. 转子流量计 3. 酸洗塔喷淋头 4. 碱洗塔喷淋头
5. 气体采样口 6. 酸洗塔 7. 碱洗塔 8. 酸洗泵
9. 酸洗槽 10. 碱洗槽 11. 气体排放 12. 碱洗泵

洗涤气液分别在酸洗泵和碱洗泵的作用下，从洗涤塔顶部进入喷淋到填料上，顺着填料自上而下滴流。恶臭气体在引风机的作用下，从洗涤塔底部进入，通过空隙空间向上运行。在上升过程中与洗涤液接触而被净化，净化气由气体排放口排出。洗涤液与恶臭气体在酸洗塔和碱洗塔充分接触后降落至填充塔的下部，分别流入酸洗槽和碱洗槽循环使用。

其除臭的工作原理如下：在酸洗塔中，用低浓度的硫酸溶液吸收氨气等。

$$2NH_3 + H_2SO_4 = (NH_4)_2SO_4$$

在碱洗塔中，用碱性氧化剂次氯酸钠和活性炭悬浮液有效除去恶臭的主要成分硫化氢和甲硫醇。

$$H_2S + 2NaOH = Na_2S + 2H_2O$$

$$H_2S + NaOH = NaHS + H_2O$$

$$CH_3SH + 6NaClO = SO_2 + CO_2 + 2H_2O + 6NaCl$$

上式中的 CO_2 和 H_2O 是无臭物质，SO_2 有臭味，但它的臭阈值浓度为 2.6mg/m^3，甲硫醇的阈值浓度为 0.001 96mg/m^3，SO_2 的阈值浓度要高得多，因而经次氯酸钠氧化后，臭味可大大降低。

该方法可以广泛地除去多种恶臭气体，如氨、硫化氢、甲硫醇，并达到很高的去除效率，使得气体达 GB 14554—93（二级）标准后排放。

5. 中草药除臭剂

中草药不但可提供给动物丰富的氨基酸、维生素和微量元素等营养物质，而且能提高饲料的利用率，减少日粮中污染物的排放，促进畜禽生长，而且含有多糖类、有机酸类、苷类、黄酮类和生物碱类等多种天然的生物活性物质，可与臭气分子反应生成挥发性较低的无臭物质。如10%的甘草提取物加90%的矿物质粉末制成的除臭剂，可用于去除鱼、贝类和畜禽内的臭气。很多中草药具有除臭作用，常用的有艾叶、苍术、大青叶、大蒜等。

案例介绍

云南省畜牧兽医研究所研制的“科宝”，由黄芪、当归、首乌、黄檗、黄连、金荞麦、桉叶、青蒿等18味中草药配制而成，不仅有保健功能，而且对鸡粪除臭、降低氨浓度、净化饲养环境有良好效果。据张廷钦等(1993)试验报道，将50日龄的AA肉鸡1 296只随机分为试验组和对照组，试验组日粮中加入1%“科宝”，对照组不加任何药物和除臭剂。经检测，试验组鸡舍氨气含量(1.622±0.156) mg/m^3，对照组为(2.391±0.3111) mg/m^3，差异极显著($P < 0.01$)。同时，试验组还具有增重快、饲料利用率提高的效果。

6. 空间电场净化法

空间电场净化系统由控制器、直流高压电源、电极线构成，电极线与地面组成了“线—板”电容器，通电后就形成了一个直流空间电场。畜禽舍内的氨气、硫化氢、二氧化碳等会立刻同空气中的粉尘、气雾等相结合形成“凝雾”而荷电，并受电场力的作用而做定向脱除运动，并迅速吸附于地面、舍内结构表面。空气中的氨气、硫化氢、二氧化碳含量会在短时间内有较大幅度的降低。同时，电极系统放电产生的臭氧和高能荷电粒子对酪酸、硫醇、粪臭素、吲哚等进行分解生成水和二氧化碳，降低臭气浓度。图136为某鸡舍粪道空间电场，可以起到灭菌、消毒、除臭的作用。

图 136　鸡舍粪道空间电场

案例介绍

广东某鸡场在 520m² 的蛋鸡舍安装了两套 3DDF-450A 型畜禽舍空气电净化防疫机，专门用以空气定向净化和防疫。定向收尘效果：监测 5d 内定向收尘效果突出，收尘帷集了足有 3cm 厚的尘埃，鸡舍其他结构物，如屋梁、鸡笼少有吸尘，整舍空气质量良好，日氨气浓度平均下降了 57%，见图 137。

图 137　鸡舍屋梁电场

7. 光催化氧化法

光催化氧化法始于 20 世纪 60 年代，90 年代广泛应用，主要指光催化剂在紫外光的照射下被激活，使水生成·OH 自由基，然后·OH 自由基将恶臭组分氧化降解。光催化氧化法选取的关键在于催化剂的选择，已经得到大量研究和应用的光催化剂为氧化钛（TiO_2）。近年来，随着纳米材料技术的发展，纳米 TiO_2 颗粒在恶臭污染物光催化降解方面的应用研究也日益显现。限制光催化氧化法实际应用的因素为光催化剂使用后不易与空气分离。据报道，将纳米 TiO_2 颗粒负载在纤维活性炭载体上，可以结合两者优点，将恶臭气体彻底氧化降解。

目前光催化氧化法还处于小规模恶臭气体治理阶段，其实际应用还有待进一步推广。光催化降解有机物的机制如下：半导体催化剂由于其能带是不连续的，价带（VB）和导带（CB）之间存在一个禁带，当用能量等于或大于禁带宽度的特定波长的紫外光照射半导体光催化剂时，其价带上的电子被激发，越过禁带进入导带，同时在价带上产生相应的空穴，即生成电子（E^-）－空穴（h^+）对。价带空穴是很强的氧化剂，大多数有机物的光催化降解都是直接或间接利用空穴的氧化能力。光生空穴有很强的得电子能力，使不吸光的物质也被氧化，空穴可以直接或间接氧化有机物，甚至可能同时直接或间接氧化有机物。间接氧化时，光生空穴与 TiO_2 表面吸附的水或 OH^- 离子反应生成氧化能力极强的羟基自由基·OH，反应式如下 ：

$$H_2O + h^+ \rightarrow \cdot OH + H^+$$

$$OH^- + h^+ \rightarrow \cdot OH$$

·OH 氧化能力极强，对作用物几乎无选择性，使有机物氧化，最终分解为水和二氧化碳。

案例介绍

上海惠罗环境工程有限公司应用光催化氧化法对 50 000m^3/h 饲料生产废气进行恶臭污染治理，工程工艺设计以光催化氧化单元为中心，布袋除尘单元作为前预处理。其中光源采用紫外线杀菌灯作为人工光源，纳米二氧化钛材料作为光催化剂；除尘用布袋采用防水防油布袋。具体工艺流程见图 138。

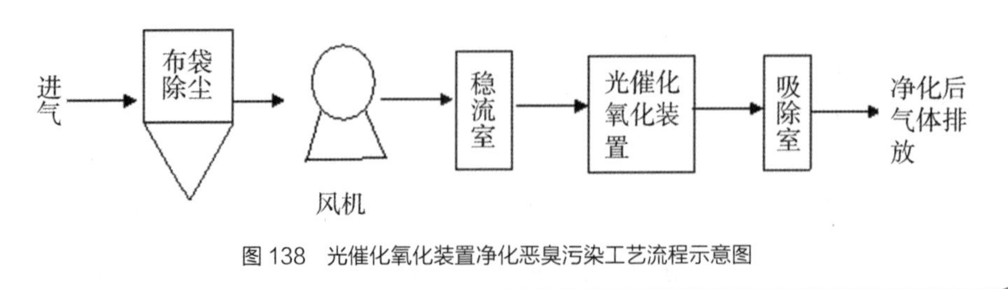

图 138　光催化氧化装置净化恶臭污染工艺流程示意图

饲料生产废气经过滤－光催化氧化处理后，废气中的主要污染因子分级去除效果见表 15。

表 15　过滤－光催化氧化处理各阶段废气中主要污染因子分级去除情况

项目	过滤前进气	光催化氧化前进气	光催化氧化后进气	排放标准
颗粒物 / ($mg \cdot m^{-3}$)	200 ~ 500	5 ~ 10	5 ~ 10	120
臭气浓度(无量纲)	5 495	1 925	596	2 000

由表可见，废气经上述工艺流程处理后，排放的臭气浓度远低于排放标准。值得说明的是，采用布袋除尘器在削减废气中颗粒物的同时，对于臭气浓度相应也有近 65%的削减率；单级光催化氧化的臭气浓度削减率达 69%左右，两级单元总去除率约 90%，基本达到了控制恶臭污染的预期效果。

（1）脂肪族氧化机制　紫外光激发光催化剂所生成的·OH 先将脂肪族氧化为醇，进一步氧化为醛、酸，最后脱羧生成二氧化碳，整个过程可描述如下：

$R-CH_2CH_3 \rightarrow R-CH_2CH_2OH \rightarrow RCH_2CHO \rightarrow RCH_2COOH \rightarrow R-CH_3 + CO_2 \rightarrow RCH_2OH \rightarrow RCHO \rightarrow R-COOH$

每降解一个碳原子，生成一个二氧化碳，重复循环，直到脂肪族完全转化为二氧化碳为止。

（2）芳香族氧化机制　紫外光激发光催化剂所生成的 OH 和 H^+ 使苯环羟基化，生成羟基环己二烯自由基，进而开环生成己二烯二醛，再按脂肪族氧化途径降解，生成二氧化碳和水。因此利用光催化氧化作用将接触光催化剂的水分、臭气、细菌、污物等有机成分分解，从而具有除臭、抗菌、防污、防雾的功能。

在所有半导体催化剂中，TiO_2 由于其催化活性好，同时具生物惰性和化学惰性，不会发生光腐蚀和化学腐蚀，被证明具有广泛的环境应用，而通常把粒径小于 100nm 的 TiO_2 称为纳米 TiO_2，随着粒径的超细化，其表面结构和晶体结构发生了独特改变，导致产生了量子尺寸效应及表面效应等，从而使纳米

TiO_2与常规TiO_2相比具有优异的催化性能、光学性能、热学性能、电学性能等，因此用于光催化作用的半导体催化剂多为纳米TiO_2材料。

（三）生物处理方法

生物处理方法是利用微生物将恶臭气体中的有机污染物降解或转化为无害或低害物质的过程。微生物除臭可以分为3个阶段：第一阶段是利用吸附作用，将臭气由气相转入液相的传质过程；第二阶段是溶于水中的臭气通过微生物的细胞壁和细胞膜被微生物吸收，不溶于水的臭气先附着在微生物体外，由微生物分泌的细胞外酶分解为可溶性物质，再渗入细胞；第三阶段是臭气进入细胞后，作为营养物质被微生物所分解、合成，达到除去恶臭气体的目的。生物处理方法主要有生物过滤法、洗涤—生物过滤法、除臭菌剂法等。

1. 生物过滤法

生物过滤法是由滤料来吸附臭气，然后由生长在滤料中的细菌和微生物菌群来氧化降解，臭气有机物被降解为二氧化碳、水。这种除臭方法有投资适中、能耗小、见效快、运行成本低、无二次污染等优点，尤为适合处理畜禽养殖场产生的臭气。生物过滤法中，生物滤料的优劣对除臭效果的好坏起着决定性的作用。常用的滤料有土壤、珍珠岩棉、活性污泥等。

（1）堆肥生物过滤法　堆肥生物过滤是利用堆肥中微生物将臭气消除的方法。堆肥生物过滤法一般分为两种类型：一种是堆肥覆盖在臭气发生源或出口处，自然生化脱臭；另外一种是在臭气发生源较多时，将其汇总到一处，集中送到除臭装置中脱臭。可利用泥炭、木屑、小麦壳或大米壳、植物枝杈、树叶等为滤料，混合后形成一种有利于气体通过的疏松结构即堆肥过滤层。

堆肥滤池一般在地面挖浅坑或筑台池，池底设排水管，在池的一侧或中间设输气总管，总管上接出直径约125mm的多孔配气支管，并覆盖沙石等材料，形成厚50～100mm的气体分配层，在分配层上再摊放厚500～600mm的堆肥过滤层。过滤气速度通常在0.01～0.1m/s。

堆肥形式下微生物繁殖最快，好氧细菌的繁殖密度高，整个设施紧凑，臭气去除率比土壤法高，气固接触时间只需30s，而土壤法则需要50s以上。因而与土壤法相比，其占地面积大大缩小。另外，为保证净化效果，必须保证滤层温度均衡，不能波动太大，阻力均匀稳定。在运行过程中要经常观测。滤层表面受损或材料受腐蚀，可能造成滤层板结，温度波动大或气体过分干燥，滤层可能开成裂缝。出现上述情况，必须用机械将滤层扒松、平整。如经上述处理后，滤层阻力仍过大，则必须更换滤料。如果臭气含尘过大则最好经过预除尘处理。由于堆肥是由可生物降解的物质的构成，因而寿命有限。运行一年后，系统也会酸化或碱化，应及时调整 pH，同时要定期补充微生物生长所需的碳素养料以及或酸性、碱性营养物质。

由于堆肥材料本身具有分解性，所以长时间使用后因材料分解颗粒变得细小，从而增加通气阻抗力。另外，由于除臭效果依堆肥的种类和性质而异，所以在应用中如果材料选择不当，会导致通气性不良而降低脱臭效果。堆肥生物过滤法不适合于高浓度臭气的除臭。

（2）土壤生物过滤　土壤生物过滤法是将臭气通入土壤后，臭气成分首先被土壤颗粒吸附或溶解于土壤水溶液中，然后在土壤微生物作用下将其分解转化达到消除臭气的目的。这种方法在生物除臭中应用最早，因为管理和使用简便、不需要添加任何微生物和其他辅助性材料，至今在国外尤其在日本和欧洲应用仍相当广泛。适合于该方法的土壤要求具有质地疏松、富含有机质、通气性和保水性强等特点，符合这些条件的土壤主要有火山灰土和腐殖质土（如森林表层土）。在无法得到上述土壤的条件下，也可以进行人工配制。例如，可以利用一些富含有机质的表层土与一些有机材料如堆肥等按一定比例混合制成。

土壤生物过滤法是一个接近自然的臭气控制生态系统，对环境冲击较小。土壤滤体功能是永久的，维护简单，运行可靠及维护成本很低。土壤生物过滤法处理畜禽养殖臭气效率可达 95%以上，更适用于中小型养殖场。

（3）珍珠岩棉生物过滤　在农业生产中珍珠岩棉通常作为营养液栽培的基

案例介绍

案例一

广州市大坦沙污水处理厂利用生物土壤除臭过滤器进行除臭。生物土壤除臭过滤器是一个经工程加固的土壤介质床，其结构和水处理中的滤池相似，不同之处是二者填料不同。由穿孔管构成的布气系统位于生物土壤滤层底部，穿孔管周围布满沙砂层，其工作原理见图 139。

从各构筑物收集的臭气首先被鼓风至穿孔管分配系统，然后缓慢地向上通过生物土壤滤层，臭气中的硫化氢和有机气体吸附在土壤滤层颗粒表面及滤层中的微生物细胞表面，通过微生物代谢作用氧化为二氧化碳和水，最终以扩散气流的形式从生物土壤滤层表面离开，臭气得到处理。

图 139　土壤除臭系统原理

目前，大坦沙污水处理厂二期工程生物反应池就是采用土壤生物除臭工艺，脱臭气量为 29 000m^3/（h • 组），共两组。该土壤除臭系统又分臭气收集系统和土壤生化反应系统。

（1）臭气收集系统　反应池厌氧段和缺氧段采用混凝土直接加盖，好氧段采用轻质玻璃低加罩。生物反应池总面积约为 7 685m^2，其中密闭加盖部分面积约 2 880m^2，密闭加罩面积为 4 805m^2。反应池在加盖、加罩的建筑物内敷设通风管道，采用机械通风的方式进行臭气收集，通风换气频率为 1 ～ 2 次 /h。

（2）土壤生化反应系统　利用土壤介质作为生物过滤器，土壤表面覆盖草坪，并有自动喷灌系统定时对土壤喷淋，保持土壤湿润。在生物过滤器内，穿孔管构成的空气分布系统位于其底部，而穿孔管周围布满了沙砾层。从生物反应池经风机收集的臭气鼓入穿孔管，然后在土壤介质中缓慢地扩散。恶臭物质被微生物吸收后，有机气体参与微生物代谢，自身被氧化为二氧化碳和水。生物过滤器的介质为微生物进行代谢提供氧气、水分和矿物营养成分。

该套土壤除臭系统在大坦沙污水处理厂运用的 1 年多时间里，除臭效果明显，经监测，臭气浓度只有18mg/m^3，其他臭气指标见表16。

表16　二期生物反应池除臭后排气监测数据

项目	氨	硫化氢	甲硫醇	三甲胺	苯乙烯	甲硫醚	二硫化碳	二甲二硫
数值	0.214mg/m^3	0.3L	0.06L	2.0L	0.92L	0.4L	0.4L	0.4L

案例二

福建省农业科学院农业生态研究所陈敏等人利用活性土壤对畜禽养殖场散发的恶臭气体进行去除研究。采用的活性土壤滤层配方为：草腐土75%，珍珠岩20%，黑炭5%。滤层高度1 000mm，滤料表面负荷15.5～22.0m^3/（m^2·h），滤料层湿度控制范围为(52±3）%。生物滤池内部设置带有许多小孔的布气管网，含恶臭污染物的空气经旋涡风机和超声波加湿器送入布气管网后，通过小孔被均匀地分布到滤床中，为滤池中的微生物提供氧气，并作为微生物的养分被消化利用。试验结果表明，主要恶臭物质氨气、甲烷、二氧化碳去除率大于95%；与畜禽臭气共同扩散的总挥发性有机物、可吸入颗粒物(PM10)和总悬浮物去除率大于95%；系统排出气体的臭气浓度分别为7.5～8.0L/m^3，符合达标排放要求。

质被广泛使用，这种材料在含水量适当时通气性良好。向这些材料中混入有机质、微生物和硝态氮源等可以制成高活性的除臭材料。该方法的除臭原理与土壤除臭法相同，除臭能力与土壤除臭能力相当或优于土壤除臭法，以氨气为例，其原理见图140。

由于该材料膨松、密度小(400kg/m^{3}左右)，通气阻力只有土壤的1/5～1/3，使用该材料制作的除臭装置充填高度可以为土壤的3～5倍，充填高度可在2～2.5m。因此，除臭装置占地面积相对较小。但是，因为该材料保水能力差而容易失水，在使用该材料制作脱臭装置时上部应配有散水管道，散水量每天一般在20L/m^{3}左右为宜。装置的下部构造与土壤除臭槽相同。在寒冷地区，为了保温可以建成半地下式的，在空气出口处再设置防风网以防止外界寒风进入除臭槽。

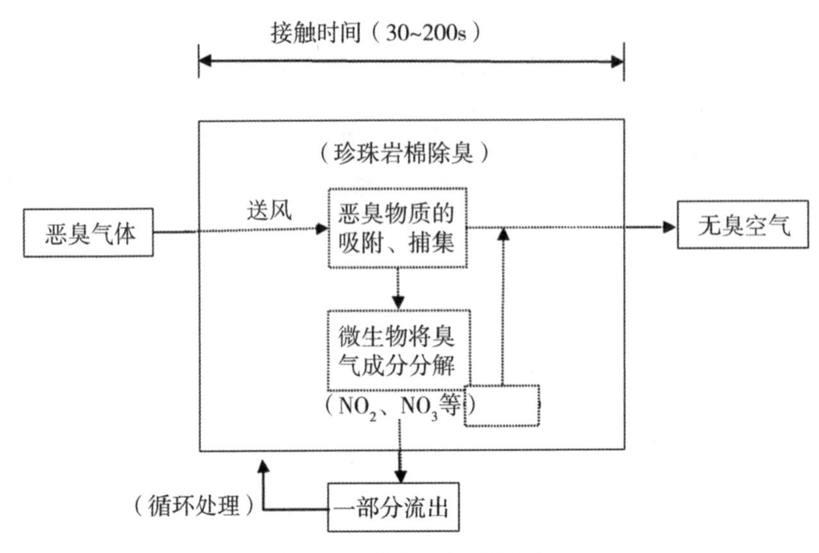

图 140　珍珠岩棉氨气去除臭原理

珍珠岩棉材料与土壤相比保水性差，因此需要每天补充水分。但是如果补充的水分多余，散失水分量时，易造成除臭槽下部积水。因此，在建设除臭装置时要留有积水池。由于积水中含有较多的氮素，所以可以将这些积水取出后散布于除臭材料表面，以补充微生物活动所需的氮素营养。

(4)活性污泥除臭法　活性污泥除臭法包括曝气除臭法和洗涤法。活性污泥曝气除臭法的原理是将恶臭气体通过铺设在曝气池底部的空气扩散装置以曝气形式分散到活性污泥的混合液体底部，臭气溶解于混合液中，通过悬浮的微生物降解恶臭气体。活性污泥洗涤法与活性污泥暴气除臭原理相近，原理是让活性污泥和恶臭气体充分接触，通过活性污泥中悬浮生长的微生物的代谢活动降解溶解的恶臭物质。所需体积比活性污泥曝气法更小，活性污泥可以循环使用，可以长期以较高的除臭效果运转，运行费用低，效果较好。但需要定期加入新鲜污泥和排除剩余污泥。由于受到活性污泥曝气池的限制，只适合于有污水处理设备的场所使用，如污水处理厂或大型养猪场。

2. 洗涤—生物过滤法

洗涤—生物过滤法是洗涤和生物过滤相结合的一种除臭方法。系统主要由生物填料和洗涤供水系统组成。当含有恶臭物质的空气通过生物填料时，洗涤水从另一端也同时流过填料。洗涤水和空气为生长在生物填料上的微生物提供生长必需的水分和氧气，其中的恶臭有机物作为微生物的养分被消化利用。这种方法微生物活性强，耐冲击负荷能力强，除臭效果很好。但洗涤水中的某些化学物质（如氨等）达到一定浓度时需要排放掉，因此存在洗涤废水的出路问题。

3. 除臭菌剂法

除臭菌剂法是在恶臭产生源上投加除臭菌剂，利用微生物之间的“共生、共存、共荣”原理来分解恶臭物质。目前大多数采用复合菌剂来达到脱除恶臭气体的目的。针对畜禽养殖场的除臭方式可分为两种：一种是直接将复合菌剂加入饲料中，前提是所添加的菌剂对畜禽无害，符合国家生产安全标准。添加的复合菌剂将饲料中的大分子有机物被分解为小分子有机物，更有利于动物体的吸收利用，产生的菌体蛋白也提高了饲料的营养价值，而且添加的复合菌剂在进入肠道后处于优势地位，抑制有害微生物及病原菌的生长。另一种是将复合菌剂喷洒在畜禽粪便上，利用微生物之间的共生繁殖及协同作用分解转化粪便中的有机物质、微生物的代谢产物如乳酸、乙酸等，形成酸性环境，抑制腐败类微生物和病原菌的繁殖，从而降低恶臭气体的释放量。

（四）常见的除臭方法及其特点分析

常见的除臭方法有很多，也各有优点和不足，在实际生产中需要根据当地畜禽养殖业实际情况，因地制宜地选择一种或几种除臭方法，同时还要考虑经济成本，做到技术可行，经济合理。表 17 比较了畜禽养殖和粪尿处理中常用的除臭方法，在实际生产中可加以选择。

表 17　畜禽养殖和粪尿处理中常用的除臭方法及其特点

方法		原理	特点	问题点
水洗法		臭气成分在水中溶解	只适用于消除易溶于水的臭气物质	不适用于难溶性臭气物质，耗水量大
燃烧法	高温燃烧法	臭气成分在 700 ~ 800℃下分解	效率高，高臭气浓度下有利	耗能多，运转费用高
	低温燃烧法	利用催化剂（白金等）在 250 ~ 300℃下氧化	效率高，与高温法相比设备简单、能耗低	催化剂材料昂贵

续表

方法		原理	特点	问题点
吸附法		利用活性炭、硅胶、锯末、腐殖质土等将臭气吸附	适宜于消除低浓度臭气	使用一定时间后效果消失，再生困难
药液处理法		利用酸碱物质与臭气发生化学反应	适用于脂肪酸类、胺类等在水中能溶解的臭气成分	药品费高并要求有相应的废液处理措施
生物除臭法	堆肥除臭法	将臭气通入堆肥内利用微生物将臭气分解转化	运转费用低，适用于低浓度臭气除臭	堆肥水分含量高或通风不良影响除臭效果
	土壤和岩棉除臭法	利用火山灰土、泥炭土和珍珠岩棉等材料将臭气吸附，并在微生物作用下将臭气分解转化	投资及费用低，适于中低臭气浓度。除臭装置规模适当，除臭效果良好	除臭装置占用面积较大
	活性污泥除臭法	将臭气与活性污泥接触，在微生物的作用下分解臭气	适宜于中低浓度臭气除臭，但仍残留有污泥特有的气味	限于有污水处理设施的附近采用
空气稀释法		利用大量新鲜空气稀释臭气成分至闻不到臭味为止	适宜于低浓度臭气	随着环境法规定的标准越来越严格，此法将被限制使用
掩蔽法		利用芳香物质掩蔽臭气味	适宜于低浓度臭气	需要使用大量芳香物质
臭氧氧化法		利用臭氧的强氧化性分解臭气	最适合于含硫臭气成分多的场合	费用高，残余臭氧损害人的呼吸系统

Ⅱ 气溶胶控制技术

一、畜禽场气溶胶的来源与危害

（一）气溶胶的来源

气溶胶是指固体或液体微粒稳定地悬浮于气体介质中形成的分散体系。其中的气体介质称为连续相，通常为空气。微粒称为分散相，其成分复杂，大小不一，其粒径一般为0.001～100μm，是气溶胶研究的对象。微粒为液体的称为液体气溶胶，即气学上的雾。微粒为固体的称为固体气溶胶，常简称为气溶胶。

团体微粒按大小分有三个界点，分别是1μm、2.5μm和10μm。粒径小于1μm的称为烟，粒径大于1μm的称为尘，粒径小于2.5μm的称为细颗粒，粒径大于2.5μm的称为粗颗粒。粒径小于10μm的由于能被人和动物的呼吸系统吸入称为可吸入颗粒，又由于其重量轻，在空气中的飘浮时间长而成为飘尘。粒径大于10μm的因重力作用可迅速下沉而称为降尘。大气气溶胶粒子的组成既有生物物质，也有有机（POM）和无机的化学物质。微粒中含有微生物或生物大分子等生物物质的称为生物气溶胶，其中含有微生物的称为微生物气溶胶。

动物本身是微生物气溶胶的主要来源，患病畜禽以及健康带毒畜禽可通过排泄粪便，排出细菌和病毒，形成病原微生物气溶胶。尤其是在现代规模化、集约化饲养管理的畜禽养殖模式下，畜禽饲养密度高，畜禽舍内空气流动性差，极易形成微生物气溶胶。段会勇等（2008）运用肠杆菌基因间重复一致序列的聚合酶链式反应（ERIC-PCR）技术，对鸡舍大肠杆菌气溶胶传播进行了研究，发现从鸡的粪便中分离到的大肠杆菌与从舍内空气中分离到的部分大肠杆菌相似性可达100%，从鸡场的下风方向分离到的大肠杆菌与从鸡舍空气、粪便中分离到的大肠杆菌相似性可达100%，表明畜禽舍内的气载大肠杆菌来源于动物粪便。而钟召兵等（2008）用REP-PCR对鸡舍的金黄色葡萄球菌气溶胶进行了分析，也得出了相同的结论。此外畜禽通过呼吸道排出的唾液、黏液等物中也含有大量病原微生物，它们也能形成病原微生物气溶胶。姚美玲等（2010）在对H9N2亚型禽流感病毒气溶胶发生实验中，发现SPF鸡感染H7N9病毒后可通过咽喉排毒，排出的病毒形成气溶胶。

畜牧业生产是病原微生物气溶胶的另一来源，目前，注射疫苗仍然是控制动物疾病的主要途径。活疫苗是病原微生物在人工条件下减毒而成，由于其所需的接种剂量小、免疫力持久，在我国兽用疫苗中得到了广泛的使用。通过滴鼻、气雾等免疫方式使用活疫苗时，如鸡新城疫Ⅱ系、Ⅳ系活疫苗及传染性支气管炎活疫苗等均常采用这种免疫方式，可向空气散毒，同时疫苗强毒存在仍能引起畜禽感染并在呼吸道和消化道黏膜复制并排出，形成病原微生物气溶胶。

（二）气溶胶的危害

1. 对畜牧业的危害

畜禽养殖场病原微生物气溶胶是养殖场畜禽呼吸道疾病发生的重要原因，给畜牧业生产带来了严重的危害。世界各国由于动物传染病造成的经济损失十分巨大，我国每年由传染病引起动物死亡造成的损失高达 300 亿元。例如：1984 年北京某鸡场一次微生物气溶胶呼吸道传染病，致使 31 万只鸡发病，发病率达 41%，病死率 30%，产蛋率由 80% 下降至 19%。近年来，口蹄疫在欧洲、亚洲等地不断发生。在这些畜禽传染病中，多数传播途径为气源性传播，如结核病、球孢子菌病、口蹄疫，霍乱、流感、新城疫、犬瘟热等，它们的病原微生物均能在空气中形成气溶胶，经呼吸道感染人畜微生物气溶胶是气源性传播的关键因素，气源性传染病不同于经其他途径传播的疾病，它们传播速度快，距离远，效率高，难于防御。另外，动物舍排出的废气也散布了抗生素的耐药菌株。气溶胶中的革兰阴性菌含量较少，主要以肠杆菌科为主，其中大肠杆菌含量最多。畜禽舍微生物气溶胶中的条件性致病微生物在适当条件下可能发挥致病作用，非致病微生物在高浓度下也能对机体产生极大危害，主要可导致机体免疫负荷过重、对疫苗的免疫应答力下降、抗病力降低和易感性增强等。

2. 对人类健康的危害

人体每分钟每千克体重呼吸量为 0.13L，随空气进入的微生物与呼吸系统接触，给呼吸系统造成沉重负担和危害，甚至使人感染疾病。人类呼吸道传染病是由病毒、细菌、立克次体、衣原体和真菌等引起的，即使在自然传播中非呼吸道感染的某些病原微生物，也可在实验中通过气溶胶成功感染动物。

微生物气溶胶主要危害农业、畜牧业、加工厂、医疗卫生、医药、实验室等与其接触密切的从业人员，引起一些疾病，如黏膜刺激、支气管炎、慢性呼吸系统障碍、过敏性鼻炎、哮喘、外源过敏性肺泡炎或过敏性肺炎及一些吸入性感染。

3. 对畜禽场周边环境的危害

由于气溶胶悬浮在空气中，可以通过空气介质传播到畜禽场周围，进而对环境造成危害，同时会造成某些传染病的流行，危害人体及动物的健康。

二、畜禽场气溶胶的产生机制

通常，空气中缺乏微生物生长繁殖所需的条件，又有太阳光辐射等物理因素的影响，因此，空气中的微生物大部分会在较短的时间内死亡。但是一旦微生物与尘埃等载体结合，其抵抗不良因素的能力就会增强。在潮湿地区和温暖季节，特别是在畜牧场的空气环境中，还存在一定数量的病原微生物或条件性病原微生物，对畜禽造成严重威胁。土壤水、垫料、粪便中的微生物经过风化、腐蚀或者磨耗过程，由空气气流弥散，与水、尘埃相结合，悬浮在空气中形成微生物气溶胶。

微生物气溶胶以微生物的种类可分为细菌气溶胶、病毒气溶胶和真菌气溶胶等。据了解，微生物气溶胶特指含有生物性粒子的气溶胶，所谓的生物性粒子包括细菌、病毒以及致敏花粉、霉菌孢子、蕨类孢子和寄生虫卵等。它与一般气溶胶相比除了具备相同的基本特性以外，还额外附带传染性、致敏性等。

然而就是这两个多出来的特性对我们的生命带来了空前的危害。据相关报道了解，全球因微生物气溶胶引起的呼吸道感染率高达20%。世界上有500多种致病菌，而其中能被微生物气溶胶传播的不少于100种。大家千万不要小看这些由微生物气溶胶传播的致病菌，要知道曾肆虐全球的非典型肺炎又称SARS的致病病毒，就是最典型的依靠微生物气溶胶传播的致病菌。不仅如此，后面相继出现的禽流感、甲型流感以及目前还在局部地区肆虐的手足口病等流行病、传染病，都有微生物气溶胶作祟的身影。

那么微生物气溶胶到底是怎么把这些致病菌传播出去的呢？

根源在于日常生活中人们对微生物气溶胶相关知识的缺乏。首先，室内环境中的微生物气溶胶主要来源就是人与人之间的活动，我们往往无意间就会制造出大量不可忽视的污染物，一个小小的喷嚏都可以传播15 000个感冒因子，更别说在卫生间这种地方，更会因其本身潮湿狭小的空间性，导致空气湿度增加，细菌滋生和霉变的可能性也急剧增加。其次，在一些公共场所，如办公楼、医院、学校、车站、街头等人流密集场所，普遍存在公共卫生间使用频率高、清洁不当、疏于管理的现象，因此在这些场所中可以说到处蛰伏满了螨虫与其他微生物。这些微生物通过微生物气溶胶的方式渗透到空气中，近而通过呼吸进入人体从而危害人体健康。比如说人类的排泄物中的大肠杆菌和寄生虫就是通过微生物气溶胶进入人体呼吸道中的。而我们现在主要的清洁手段是通过强烈的水冲力实现清洁洁具的作用，但是强烈的水冲力带起气旋的同时也形成了大量的气溶胶，并且将病毒、寄生虫等微生物带到6m高的空中，然后带着它们或者悬浮在空气中，或者附着在墙壁和物品上。比如香港东方日报头版就报道过马桶产生的微生物气溶胶导致幼儿手足口病大面积传播的情况。既然微生物气溶胶如此危险，我们一定要重视微生物气溶胶传播疾病的问题，如此才能改善我们的公共卫生情况。

对此，世界卫生组织更指出，一旦空气中微生物气溶胶总数超过700cfu/m^3，就很容易感染疾病，小于500cfu/m^3，这种感染就会减少，小于200cfu/m^3，这种感染几乎不会发生。因此只要大家重视卫生习惯，杜绝微生物气溶胶的产生，改善我们生活环境进而保护我们自身的生命健康就不是什么难题了。

三、气溶胶的控制技术

畜禽舍作为动物生活的地方，是病原微生物气溶胶产生的主要场所，因而也是养殖场产生效益、控制疾病感染的关键地方。而微生物气溶胶传播速度快，传播距离远，难于防御。国内对微生物气溶胶的防治一直以来依赖于传统的消毒剂和抗生素的使用，而新型无毒害、安全的畜禽舍病原微生物气溶胶防治方法研究还较少，主要集中在中草药空气消毒杀菌剂和拮抗益生菌的研制。

（一）通风控制

通风是目前减少猪舍有毒有害气体、有害微生物和粉尘，净化猪舍空气的主要方法。通风换气可将舍内大量污油、潮湿的气体排出，同时带走大量粉尘、微生物和热量，补进干燥、清洁的新鲜空气，从而保证猪群健康成长，减少呼吸道疾病的发生。

通风可分为自然通风和机械通风两种。自然通风是指通过有目的的开口，产生空气流动，我国传统猪舍主要为敞开式和窗式，可以利用自然通风的热压和风压动力作用，形成“扫地风”和“穿堂风”。但由于自然通风受天气、室外风向、猪舍形状、周围环境等众多因素影响，可控性太差，所以规模化猪场一般采用机械通风，当前猪场常用的机械通风方式主要有纵向机械通风、正压过滤通风技术、地下管道通风、屋顶排风的负压通风技术、管道正压通风技术、侧墙体进风、多孔天花板和漏缝地板底部通风等。

根据机械通风系统的驱动原理的不同可将其分为负压通风系统、正压通风系统和等压通风系统三大类。目前应用较多的为负压通风系统，负压通风是在相对密封的空间内，通过排风扇等机械设施强行将畜禽舍内的空气抽出，形成瞬时负压，室外空气在畜禽舍内外压力差的驱动下通过进气口自动流入室内的通风模式。负压通风系统的结构相对较简单，投资和管理费用较低，但是，这种系统对跨度在20m以上的畜禽舍，效果不是很明显，而且对进入舍内空气的某些状态（如温、湿度等）不能有效控制，故对于多风严寒地区不太适用。正压通风系统是利用风机将畜禽舍外的空气送入舍内，造成舍内空气压力稍高于舍外大气压，舍内的空气在舍内外的气压差的驱使下通过排气口排出舍外，实现通风换气。正压通风系统可对进入的空气进行加热、冷却、过滤等预处理，从而有效保证舍内的适宜温度、湿度和优良的空气品质，特别适用于严寒及炎热地区，但它的结构一般比较复杂，造价和管理费用相对较高。等压通风系统是同时使用正压风机和负压风机，正压风机将舍外的新鲜空气通过送风管道送入舍内，使舍内大气压稍微增加；负压风机将舍内的污染空气排出，使舍内大气压稍微降低，等压通风系统运行时正压风机和负压风机同时运作。

（二）空间电场净化

空间电场既可以除臭又可以净化空气。它净化空气的作用原理同工业用的电除尘器的作用原理相同。在空间电场形成期间，空气中的粉尘气溶胶即刻在直流电场中荷电，并且受到该电场对其产生的库仑力的作用而做定向脱除运动，在极短的时间内就可吸附于场、舍的墙壁和地面上。

刘滨疆等在利用空间电场对封闭型畜禽舍空气微生物净化作用进行监测的过程中发现，畜禽舍空间电场除尘效率在70%～94%；去菌效率在50%～93%，并得出空间电场是可以有效地去除空气中的尘埃和微生物的。

（三）消毒处理

消毒是指利用物理或化学方法消灭停留在不同传播媒介物上的病原体，借以切断传播途径，阻止和控制传染的发生。按照消毒方法的不同可分为机械消毒、化学消毒和物理消毒等。机械消毒主要是通过清扫、洗刷畜禽舍进行，做好舍内的卫生管理，及时清粪可有效降低舍内有害气体以及微生物含量。物理消毒法主要是指采用紫外线、阳光、干燥等方法。如紫外线具有较强的杀菌力，舍内安装紫外线灯消毒每天或隔天开灯 1 次，一次开灯 1 ～ 2h 即可。化学药物消毒是畜禽场最常用的方法，常用的化学消毒剂有石灰、氢氧化钠、漂白粉、福尔马林、新洁尔灭和百毒杀等。如常用的消毒药 0.3%过氧乙酸，其释放出的氧能氧化空气中的硫化氧和氨，具有杀菌、除臭、降尘、净化空气的作用。

（四）畜禽场气溶胶控制技术应用现状

目前我国对病原微生物气溶胶的防控主要为化学消毒剂和抗生素的使用。化学消毒剂的使用可以通过杀死或抑制病原微生物的生长，从而减少畜禽疾病的发生和传播。常用的化学消毒剂有很多，如酸、碱、含氯化合物、醛类、酚类、季铵盐类等，消毒剂对病原微生物气溶胶具有广谱高效、价格较低廉、使用方便等特点，如氢氧化钠（烧碱），可用于气溶胶中烈性传染病病原体（如口蹄疫病毒等）污染畜舍环境的消毒，甲醛可用于畜禽舍环境的熏蒸消毒，杀死畜禽舍气溶胶中病原微生物。但是，化学消毒剂的毒性、刺激性对人和动物的健康有严重的损害作用，同时污染环境。如甲醛毒性大，有致癌作用，对使用者的健康有很大的危害，酸碱类消毒剂在使用过程中有一定的腐蚀性等，而某些过去曾被视为低毒或无毒的消毒剂，近年来却发现在一定条件下仍具有相当大的毒副作用。

防控畜禽舍病原微生物气溶胶的另一个方面是应用抗生素治疗患病畜禽，减少其对畜舍环境病原微生物的排放。但抗生素的大量使用甚至是滥用现象容易引起细菌耐药菌株的产生，甚至是超级细菌的出现，动物内源性感染和畜产品及环境药物残留等一系列问题，直接造成了动物免疫力下降，真正发病时无药可用的尴尬局面，同时“有抗食品”直接危害人类健康，因此一种安全、环保的控制养殖场微生物气溶胶的可靠方法是人们所需要的。

中草药空气微生物消毒剂因其气味芳香，对人和动物无害，使用效果和常规化学消毒剂效果相当，是近年来人们开始关注的畜禽舍病原微生物气溶胶消毒剂。如朱艳（2010）使用艾叶、苍术喷雾剂对病房空气微生物的消毒效果进行了研究，发现艾叶、苍术喷雾剂能有效杀灭空气中微生物，具有良好的消毒效果，与过氧乙酸消毒组无显著性差异（$P > 0.05$）。胡捷等（2013）使用中药制剂复方香艾液对室内空气消毒的效果进行了研究，发现复方香艾液进行气溶胶喷雾法能有效抑制空气中的病原微生物，能维持较长时间的抑菌效果。不过中草药空气微生物消毒剂也存在着一些不足之处，如中草药制剂提取工艺复杂，费用过高，效果有时不太稳定等，这些因素都制约着中草药空气微生物消毒剂的发展和推广应用。

近年来，微生物拮抗益生菌是除了中草药外的另一种绿色、安全的病原微生物气溶胶防控手段，微生物拮抗菌主要通过营养或空间竞争、分泌抑菌物质等方式来杀死或抑制病原菌的生长繁殖，减少疫病的发生，降低畜禽舍有害气体的排放，减少对环境的污染。仝永娟等将三株芽孢杆菌制成复合菌剂，针对复合制剂对鸡舍空气微生物的影响进行了研究，发现用复合芽孢杆菌喷洒鸡舍，与使用消毒剂有相似的功效，均能够有效抑制大肠杆菌和金黄色葡萄球菌生长，与使用消毒剂组无显著差异（$P > 0.05$），同时还能改善鸡健康，降低死淘率。拮抗菌多源于益生菌，拮抗菌以其无残留、绿色安全等优点逐渐替代抗生素，得到越来越多的关注、研究和应用，是畜禽舍病原微生物气溶胶防控可以考虑的新方法。同时通过改善动物卫生管理，对减少畜禽舍病原微生物、提高畜牧业生产水平和畜产品质量也有着十分重要的意义。

小知识

空气环境安全型畜禽舍的设计要点与实践

疫病预防是养殖企业的生命线，养殖环境的优劣直接关系到这条生命线的存废。在已发生的疫病中至少有40%以上是通过空气传播的，另有40%以上的疫病是通过流媒接触传播的，近10%的疫病与粪便污染高度关联。而在突发的烈性疫病中会有40%之多与环境空气质量相关，因此控制空气安全和粪便安全就能防止一半以上的疫病发生。

众多的依靠空气传播或空气与接触混合传播的突发疫病，尤其是新病原或多种病原引发的疫病通常是很难预防的。即使查明了原发病原，由于足够量的疫苗生产往往需要较长的时间，而且针对新病原的疫苗研制肯定是落后于疫病暴发的，对多种病原的多重感染采取疫苗预防其效果更具不确定性。因此，建立环境安全型畜禽舍或健康的养殖模式，最关键的工程技术应该为具有预防疫病发生与传播特性的自动技术，在此自动技术基础上设计畜禽舍就可以大大减轻防疫的紧迫性，做到轻松地养殖，就可以建立真正意义上的环境安全或是环境友好的畜禽养殖场。

1. 空气环境安全型畜禽舍设计的基本内容

环境安全、营养全面、疫苗预防、药物治疗四位一体才是健全的防疫体系，但我们往往忽视排在第一位的环境安全的重要性，过分偏重疫苗预防和频繁地使用抗生素，殊不知在众多的突发疫病中采用疫苗预防、抗生素治疗往往遭遇更大的危险。疫苗万能的思想冲击着畜禽舍环境安全的建设，为此，提出和强调环境安全型畜禽舍的概念和设计以及建设是极为必要的，或许能够将设施养殖业自此引导进入一个安全、舒心、健康的养殖道路上来。

环境安全型畜禽舍的设计包括空气安全、饮水安全、饲料安全、围媒安全、流媒安全、光照安全、废弃物安全七大部分。

空气安全包含粉尘、空气微生物、有害气体、气温、空气湿度安全控制。空气安全在安全养殖的全部环节中是最难以保障的，几乎70%的疫病发生都与这一环节相关。

饮水安全包括水质、微生物含量的安全控制。饮水安全易于控制，一般不会带来意外的经济损失。

饲料安全一般仅指饲料的微生物污染，特别是霉变的安全控制。在环境安全型畜禽舍的建设中，饲料安全一般采用物理的防霉处理技术，比如等离子体防霉处理。

围媒安全包括栏、床、保育箱等圈养设备的安全控制，其控制要点一般为机械性伤害、生物安全高度、导热率、导电率的安全控制。其中，生物安全高度、导热率、导电率的控制关联到饲养动物疫病感染率的高低问题，这3个要素也是最近才被揭示出来的，传统的设计要素中正是缺失了这3个关键点才导致了一些疫病的多发。

流媒安全包括人、饲养工具、飞翔类昆虫、鸟、爬行类昆虫、老鼠等进出畜禽舍的媒介安全控制。其中，飞翔类昆虫、鸟、爬行类昆虫、老鼠等控制应该引起重视，据一些文献报道，有20%左右的疫病由这类流媒传播。

光照安全包括采用的电光源、自然光在照度、光质方面的动物适应性。光色和照度的选择对动物的生长以及应激反应都有很大的影响。

废弃物安全包括粪便、病死畜禽的安全控制。畜禽舍内的粪便是引起大肠杆菌病、痢疾传播的重要危险微生物源，控制粪便的卫生状态可以显著降低消化道疫病的发生率。病死畜及时转移做无害化处理应成为常态行为。

2. 空气环境安全型畜禽舍建设的首要问题与对策

从疫病的预防角度出发，环境安全型畜禽舍的建设首先是要建立空气、粪便的安全控制；其次是过去没有被发现的围媒安全问题，即网床的生物安全高度、导热率的控制。其他方面的控制相对较为容易，现实中的许多技术都可以作为应用设计对象。此文不做论述。

（1）空气安全与粪便卫生控制　在空气安全控制中，温度、湿度控制已有了比较好的技术和设备，一般的投资情况下已能够满足畜禽各个生长阶段的温度、湿度要求。但温度、湿度、空气质量的控制与保温、节能往往得不到双适应，而且一般通风技术对动物疫病传播起比较关键作用的微生物气溶胶的消除、老化控制不能达到满意的效果。实际上，最适合环境安全型畜禽舍空气安全控制的技术应是能够满足整舍空气的静态净化，既能同时解决粉尘、微生物气溶胶、恶臭气体污染，又能最大限度地减少通风次数或是能源消耗的控制技术。目前，畜禽舍空气电净化自动防疫技术、粪道等离子体灭菌除臭技术在这方面显示出了独特优势，许多实践证明，这组技术可以作为环境安全型畜禽舍建设的关键技术。

1）畜禽舍空气电净化自动防疫技术　这是一种利用间歇出现的静电场进行防疫的自动技术。在畜禽舍内空间间歇出现的静电场可以将粉尘（微生物气溶胶）的平均浓度降至原来的一半以上，即平均降低50%～90%。由于静电场的间歇出现，空气微生物在低浓度范围内发生波浪式起伏变化。另一方面，建立静电场的空间电极线电离空气产生的微量臭氧、二氧化氮可以杀灭或灭活空气中或尖端物体表面的微生物，并分解掉一部分氨气、粪臭素等粪臭物质。空气质量远远优于常规畜禽舍。按照空气微生物空间电场疫苗化原理，空气微生物的低浓度波浪式变化以及灭活的空气微生物可以诱导动物产生抗体，达到自然免疫的目标。其中3DDF系列畜禽舍空气电净化自动防疫系统包括300型、450型两种型号，该系列产品耗电量极低，前者10d才消耗1kWh。空间电极线的带电电压为45～50kV，但电流不超过1mA，对人无害。实践证明，系统形成的空间静电场对种鸡的产蛋率、料重比以及猪的生长速度、料重比、毛色均有正面影响。3DDF系列畜禽舍空气电净化自动防疫系统在畜禽舍内空间布设的空间电极线与地面建立静电场可以实现畜禽舍整体空间的空气静态净化，并且可以将一部分二氧化碳、一氧化碳分解为碳、氧原子以及氨气分解为无害的气体，因此，可以大大减少通风的次数，节约煤电油。

2）粪道等离子体灭菌除臭技术　利用交流电晕放电技术可以产生具有强氧化性的电子、离子云，其中衰变成分包括臭氧、氮氧化物等强氧化剂，这些氧化剂可将畜禽舍内氨气等有机恶臭气体分解为更小的无害分子，除臭效果优异。另一方面，这些氧化剂、带电粒子对空气中和养殖设施表面的病原微生物有极强的杀灭作用。将等离子体通过管道送入粪道可以获得非常满意的杀菌除臭效果，尤其是对底网表面附着的病原微生物以及动物排便产生的微生物气溶胶具有强烈的灭杀作用，对预防大肠杆菌病有着重要意义。对等离子体浓度的控制十分重要，高浓度会对动物的呼吸道、眼结膜等黏膜系统产生危害，尤其是在粉尘浓度高的环境中使用往往会诱导产生物理性呼吸道损伤，因此，必须与前述的畜禽舍空气电净化自动防疫系统配合使用，将高浓度粉尘与等离子体结合产生的毒理作用降到最低限度，而且必须使用畜禽舍专用的等离子体灭菌除臭系统。目前，3DDC-12 型粪道等离子体灭菌除臭系统也采用间歇工作方式，可以控制 40 ~ 100m 的粪道，能够作为无臭或微臭、疫病自动预防的工作系统。

3）外排气体的净化除臭控制　将畜禽舍空气电净化自动防疫系统和粪道等离子体灭菌除臭系统结合使用，特别是把粪道等离子体灭菌除臭系统等离子排气口置于畜禽舍进气口、排气口，并与通风系统联动，可以实现进气的灭菌和出气的除臭，能够达到养殖场排气的环保要求，避免周围居民的环保诉求。

（2）围媒安全的控制　养殖栏底网的高矮决定着饲养的畜禽所处的安全状态，高床的导热率、导电率决定着猪的抗病力和疫病感染率。

1）高床的底网高度　从畜禽舍空气微生物分布动态的角度出发，几乎所有的高床养殖模式都面临着重新科学化设计的问题。大量的监测结果表明，在没有通风的条件下，地面养殖的猪和家禽排泄的粪便引起的空气微生物浓度分布呈现“飘尘”特点，即在距粪道粪面或者地面上 45 ~ 50cm 的空间内，排便和动物抖落的毛屑形成的微生物气溶胶呈现最大值；在高于 50cm 的空间，空气微生物浓度随高度增加急剧减小。50cm 似乎是个拐点，据此建议高床的安装应保证底网距地面的高度不应小于 50cm。猪场高床养殖的空气微生物监测结果也表明了这一特点，猪在休息时尤为明显。将高床高度提高有利于降低畜禽的疫病发生率，一些加高高床的养殖舍猪病少就是这个原因。在空间静电场环境中，畜禽舍内的空气微生物分布动态发生巨大变化，

“飘尘”的高度变得更低，畜禽更加安全。在粪道安装畜禽舍空气电净化自动防疫系统建立的粪道空间静电场彻底地改变了空气微生物分布状态和存活状态，对大肠杆菌病预防效果显著，但在粪道装设电极网线以及后期的维护难度较大。而在粪道中布设等离子体输送管道相对容易，而且维护方便。抬高的高床再施以等离子体技术系统则防病效果尤佳。

2）高床的导热率与导电率　从猪生长和患病概率来讲，高床养殖远优于地面养殖，其原因就在于猪卧榻的材料导热率的不同，导热好的金属床与高分子耐磨的塑料床相比，仔猪更喜欢卧在后者上，生活得更健康。其实，这里面还深藏着一个过去不为人知的秘密，就是在金属铁表面活的微生物数量要高于塑料表面，原因可能和塑料表面更易于积累静电荷或是细菌等微生物更喜欢从容易腐蚀的铁表面来吸收营养有关，一个重要的事实是在空间静电场环境中，塑料床表面确实积累了大量的静电荷，并有足以引起微弱电晕放电的电场强度，就是这个电晕放电杀灭了塑料床上的病原微生物。由此可以确定高床的材料还是选用塑料材质的好，能减少疫病的感染。

3. 空气环境安全型畜禽舍的实践

使用安装畜禽舍空气电净化自动防疫系统和粪道等离子体灭菌除臭系统的猪、鸡养殖场在粉尘浓度、空气微生物浓度、氨气浓度等空气质量指标远优于常规养殖环境，总体的感觉是完全不一样的，效果很好。外排的空气质量，特别是微生物、氨气浓度达到相关环保要求。猪病的发生率、死淘率明显下降，其中，治疗性兽药用量下降 10% ~ 78%。总的来讲，初期的环境安全型畜禽舍建设在防疫和改善养殖环境空气质量方面得到了积极肯定，也证实了畜禽舍空气电净化自动防疫系统和粪道等离子体灭菌除臭系统优于现有其他空气控制技术装备。

参考文献

[1]孙向阳．国内外城市垃圾处理概况[J]．海岸工程，1999，18（4）：92-95.

[2]马怀良，许修宏．畜禽粪便高温堆肥化处理技术[J]．东北农业大学学报，2005，36（4）：536-540.

[3]李玥函．畜禽粪便堆肥过程的影响因素[J]．中国畜牧兽医文摘(饲养管理)，2014，30（3）：47.

[4]杨文杰，张孟祥．污泥处理——以八岗污泥处置厂为例[J]． 河南科科技(能源与环境科学)，2013，7: 190.

[5]王涛．膜覆盖条垛堆肥技术与应用案例[J]．中国环保产业，2013，25（4）：25-28.

[6]戴洪刚,唐金陵,杨志军．利用蝇蛆处理畜禽粪便污染的生物技术[J].农业环境与发展，2002，34-35.

[7]郑芳．规模化畜禽养殖场恶臭污染物扩散规律及其防护距离研究[D].北京：中国农业科学院，2010.

[8]徐廷生，雷雪芹．日本畜牧场粪尿的恶臭控制[J]．世界农业，2000，10 ：37-38.

[9]赵银中．恶臭气体危害及其处理技术[J]．广东化工，2004，41(13):170-171.

[10]郭芳彬．规模化畜禽场有害气体的危害及防止措施[J]．当代畜牧，1998，（5）：1-5.